부모
혁명

디지털 시대 올바른 자녀 교육을 위한

부모 혁명

초 판 1쇄   2019년 04월 10일
초 판 2쇄   2019년 04월 25일

지은이 강정자
펴낸이 류종렬

펴낸곳 미다스북스
총괄실장 명상완
책임편집 이다경
책임진행 박새연, 김가영, 신은서
본문교정 최은혜, 강윤희, 정은희

등록 2001년 3월 21일 제2001-000040호
주소 서울시 마포구 양화로 133 서교타워 711호
전화 02) 322-7802~3
팩스 02) 6007-1845
블로그 http://blog.naver.com/midasbooks
전자주소 midasbooks@hanmail.net
페이스북 https://www.facebook.com/midasbooks425

© 강정자, 미다스북스 2019, *Printed in Korea*.

ISBN 978-89-6637-658-2 13590

값 **15,000원**

디지털 시대 올바른 자녀 교육을 위한

부모
혁명

강정자 지음

미다스북스

부모와 자녀가 함께 성장하는 미래를 꿈꾸며

2018년 12월에 코딩인재 사관학교라고 불리는 에꼴42에 갔다. 프랑스 통신재벌 그자비에 니엘(Xavier Niel)이 파리에 설립한 독특한 교육기관이다. 교수, 교재, 학비가 없는 '3무(無) 학교'로 유명하다. 학위를 수여하지 않지만 실무형 교육이 호평을 받아 취업률은 100%다. 그러니 프로그래밍에 관심 있는 전 세계 젊은이들의 이목을 끌 수밖에 없다. 입학경쟁률은 50대 1에 달한다.

에꼴42에 재학 중인 한국인 세 명을 만났다. 이 기관을 한국에 들여오면 성공할 것 같은지 궁금했다. 한 학생은 "에꼴42는 상호간에 배우는 과정이 중요한데 연령에 따라 수직적인 관계가 형성되는 한국사회에서 얼마나 자유롭게 수평적인 소통이 이뤄질지 걱정된다."라고 했다. 다른 학생은 "자녀교육에 관심이 많은 한국 학부모가 에꼴42의 파격적인 교육방법을 그대로 수용할지 의문스럽다."라고 했다. 마지막 학생은 "에꼴42는 선발시험에서 기출문제를 그대로 쓰고 있는데 사교육 시장이 발달한 한국에서는 학원에서 기출문제를 미리 공부한 학생들에게 유리할 수밖에 없어 에꼴42의 선발시험 이식이 쉽지 않을 것이다."라고 우려했다.

왜 우리는 다른 나라에서 성공의 축포를 터뜨리는 교육모델을 한국에 가져오는 걸 염려할까? 2019년 드라마 열풍의 장본인 〈SKY 캐슬〉은 사회적 지위와 부를 대물림하고 싶어 하는 부모의 욕망을 자녀에게 투사한 결과 초래되는 비극적인 상황을 보여줬다. 많은 부모가 이 드라마를 반면교사로 받아들이면서 성찰했다. 한편 일부 부모는 드라마에서 얻은 정보를 무기 삼아 학원가를 기웃거리며 입시 컨설팅을 받았다.

자녀를 잘 키우고 싶다는 열망을 갖는 것은 당연하다. 좋은 부모가 되기 위한 첫걸음이다. 하지만 우리는 종종 왜곡된 형태로 자녀에 대한 사랑과 관심을 표현한다. 한국 부모들이 분출하는 교육열이 올바른 방향을 향하고 있다면 비난할 이유가 없다. 문제는 많은 부모가 지금 우리가 어디쯤 있고 우리 미래가 어떻게 펼쳐질지 제대로 알아보지 않고 무작정 옆집 부모를 보면서 따라가고 있다는 점이다.

2000년대 정보통신기술 붐과 함께 태어난 디지털 원주민 Z세대 3인방을 키우는 나는 늘 혼란스러웠다. 아이들은 과감하게 공부를 스킵하면서 게임, 웹툰, 유튜브, 애니메이션은 생활화했다. "접속한다. 고로 나는 존재한다."라는 제러미 리프킨(Jeremy Rifkin)의 말을 매일 성실하게 실천하며 사는 세 아이와 어떻게 소통해야 할지 고민스러웠다. 아이들이 어릴 때는 평범한 자녀 양육서에서 알려주는 대로만 해도 큰 무리 없이 키울 수 있었다. 하지만 상황이 갑자기 변했다. 인공지능기술과 로봇이 인간의 영역을 슬금슬금 잠식한다는 위기감이 팽배해졌다. 그 사이 세 아이는 모두 10대가 되었다.

많은 부모가 '학부모'라는 집단적 정체성에 매몰되어 자녀를 위한 삶을 사느라 정작 부모 자신의 삶을 살지 못한다. 하지만 아이를 위해 우리 삶을 송두리째 내놓기에는 우리가 아직 젊다. 100세까지 살아야 하는데 이 책을 읽는 분들은 대부분 아직 하프타임 전환점도 채 돌지 않았을 것이다. 예년보다 젊어진 신체연령을 감안해 장수국 일본에서는 자신의 나이에 0.7을 곱해서 나이를 새롭게 계산한다. 이 계산법을 따른다면 학령기 자녀를 둔 대부분 부모는 20~30대일 것이다. 공부하라고 자녀를 들들 볶으며 자녀 인생의 코디만 하기는 아까운 나이다.

내 인생도 잘 살고 싶고 아이도 잘 키우고 싶었던 나는 부지런히 책을 찾았다. 하지만 이런 내 욕구를 모두 충족시켜주는 책은 어디에도 없었다. 내친 김에 내가 먼저 공부하기로 했다. 많이 읽고 경험하고 생각했다. 나름 내린 결론을 혼자만 알고 있기에는 아까웠다. 그래서 나처럼 부모와 자아의 갈림길에서 헤매고 있을 누군가에게 도움이 되고 싶어서 이 책을 썼다.

책을 쓰기 위해 먼저 나와 내 자녀가 살아갈 미래를 공부했다. 이미 우리 옆으로 성큼 와버린 미래에 제 역할을 하려면 어떤 역량이 필요한지 찾아봤다. 나처럼 아이를 키우며 고민하는 부모들과 이야기를 나눴다. 다양한 분야 전문가들은 현재를 어떻게 진단하고 어떤 해결책을 제시하는지 들어봤다.

미래에 대한 예측은 전문가마다 달랐는데, '미래를 알 수 없다'는 것은 공통된 전망이었다. 구체적인 미래 모습에 대한 의견이 분분한 가운데 다행스럽게도 미래가 진행되는 방향에 대해서는 상당부분 목소리가 모아졌다. 미래에 성공적으로 안착하기 위해 필요한 역량에 대한 견해도 꽤 일치했다. 가장 중요한 자질은 '배우는 방법을 학습'하고 빠르게 배워나가는 것이었다.

우리가 꿈꾸는 미래 모습은 다 다를 것이다. 이 책에는 각자가 원하는 수준의 미래를 만들어가기 위해 부모와 자녀가 갖춰야 할 자질과 소양을 담았다. 놀랍게도 부모의 자아실현과 자녀교육이라는 양 갈래 길은 유사한 층위를 갖고 있었다.

양쪽 길 모두 '놀이'라는 기본 마인드로 토대를 다져야 한다. 인생은 어차피 종착역이 정해져 있다. 세상사 고민이 모두 내 것인 것처럼 산다고 불멸의 존재가 되는 것도 아니다. 숨이 다하는 순간을 기준점으로 시간 전망을 길게 한다면 삶을 유쾌하지 않게 보낼 이유가 없다. 놀이하는 인간, 호모 루덴스(homo ludens)는 고난이 불가피한 인생을 기쁨의 향연으로 변신시킨다.

부모와 자녀의 미래 길을 넓히기 위해서는 '언어'와 '공감'이라는 요소가 필요하다. 전 세계가 촘촘하게 이어진 초연결사회에서 말과 글의 영향력은 더욱 커졌다. 민주화가 가속화될수록 언어로 소통하는 호모 로쿠엔스(homo loquens)의 중요성은 더욱 높아질 수밖에 없다. 경쟁중심 신자유주의 이데올로기는 이제 막을 내렸다. 연대와 포용의 가치를 높게 평가하는 북유럽 복지국가 모델이 강력한 미래대안으로 급부상하고 있다. 상생과 협력이라는 새로운 패러다임에 발맞추기 위해서는 공감하는 인간 호모 엠파티쿠스(homo empathicus)로 변모해야 한다.

부모와 자녀의 동반성장이라는 길은 '경제'와 '융합'이라는 항목으로 정비해야 한다. 새로운 자본의 형태인 첨단기술은 양극화심화의 주범이 되고 있다. 사회제도가 소득격차를 서서히 메울 동안 지혜로운 경제관을 지닌 호모 이코노미쿠스(homo economicus)는 자기 앞가림을 거뜬히 해낸다. 한 우물만 줄기차게 파면 성공이 보장되던 시대는 갔다. 우물을 다 파고 나면 세상이 바뀌어 있다. 세상의 지식은 다 한 뿌리에서 갈라졌다. 복잡해 보이는 온갖 지식의 끝은 맞닿아 있다. 전문성을 쌓는 것도 중요하지만 편식하지 않고 주변 지식과 정보까지 담아 창의적인 산물을 만들어내는 융합인 호모 컨버전스(homo convergence)가 되어야 한다.

 이렇듯 '놀이인, 언어인, 공감인, 경제인, 융합인'이라는 다섯 가지 덕목을 모두 구비하면 좋지만 조바심을 낼 필요는 없다. 이 다섯 유형 인재상은 서로 중첩되어 있기에 자신에게 맞는 모델부터 시작하면 된다. 어느 순간 다른 모습도 겸비해 있는 자신을 만나게 될 것이다.

 이 책을 읽으며 자신의 원형을 찾을 수 있기를 바란다. 내 정체성이 명확하지 않은 상황에서는 타인과 제대로 소통할 수 없다. 내가 뭘 원하는지, 얼마나 소중한 존재인지 모르면 나보다 조금이라도 사회적 지위가 높고 축적된 재화의 양이 많은 이를 만났을 때 쉽사리 압도당한다. 스스로 나를 '을'로 격하시킨다. 자녀는 기필코 '갑'으로 만들겠다고 다짐하게 된다.

 책을 쓰면서 담긴 내용대로 실천하다 보니 나와 아이들에 대해 관성적으로 바라봐왔던 게으른 시선을 조금씩 버리게 됐다. 나와 아이들이 행복해졌다. 이제 당신의 가족이 행복해질 차례다.

차례

I. 놀이인, 호모 루덴스 Homo Ludens
놀듯이 즐겁게 살라

II. 언어인, 호모 로쿠엔스 Homo Loquens

읽고, 쓰고, 말하라

III. 공감인, 호모 엠파티쿠스 Homo Empathicus

마음을 다하라

IV. 경제인, 호모 이코노미쿠스 Homo Economicus

부자를 꿈꾸라

V. 융합인, 호모 컨버전스 Homo Convergence

경계를 허물어라

I

놀이인,
호모 루덴스

Homo Ludens

놀 듯 이 즐 겁 게 살 라

1. '놀이'라는 본능이 필요한 시대

왜 사는가? 대부분 행복하기 위해서 산다고 답하지 않을까 싶다. 그런데 UN이 발표한 2018년 세계행복보고서에 따르면 한국인의 행복지수는 10점 만점에 5.875점에 불과하다. 조사대상 156개 국가 중에서 57위다. 선진국클럽인 경제협력개발기구(OECD) 34개 회원국 중 뒤에서 세 번째다. [1] 2015년에는 47위였는데 3년 사이 무려 10계단이 하락했다. 국가 전체 경제적인 면에서는 풍요로워도 개인의 삶은 메말라 있다는 말이다.

언제 행복한가? 개인차가 있겠지만 대부분 놀 때 행복해한다. 즐겁고 웃음이 나온다. 남는 시간이 생기면 일을 더 해야지, 왜 노는 타령이냐고 반문할 수도 있겠다. 시간을 허투루 쓰지 않아야 한다고 생각하는 사람, 놀지 않고 열심히 공부하고 일하는 것만이 정답이라고 배워온 사람, 노동을 찬양하고 놀이에 대한 편견이 있는 사람은 의아할 것이다.

그리스어와 라틴어에는 '노동'이라는 단어가 없다. '여가가 없는'이라는 단어 'askholia'나 'negotium'이 노동을 표현한다. 옛날에는 노동이 아니라 놀이가 삶의 중심이었다는 방증이다. [2] 노동에 대한 강박은 인류 역사를 돌이켜봤을 때 그리 오래된 것이 아니다. 노동은 인간의 본성이라기보다는 산업혁명 이후에 인간이 만들어놓은 프레임에 불과하다. 시장경제가 원활하게 돌아가도록 규칙적인 일정에 맞춰 일하도록 세팅한 결과다. 옛날 사람은 죽도록 일만 하지 않았다. 자연의 이치에 따라 일해야 할 때 일하고 쉬어야 할 때 쉬었다. 엄격하고 규칙적인 일정을 만들어 거기에 맞춰 일사분란하게 일하기 시작한 것은 시장체제 부흥과 맞물린다. 일반인의 고된 노동으로 운영된 시장경제는 노동이라는 땀과 노력 없이 삶의 결실을 누리려는 이를 경멸하고 비난하는 이데올로기를 만들어 유지했다. [3]

여기서 말하는 노동은 '하고 싶지 않은데 해야만 하는 무의미한 단순반복 작업'을 의미한다. 능력을 향상시키기 위해 자발적으로 수행하는 훈련과 연습은 고되기는 하지만 노동이라고 부르지 않는다. 아무런 의미 없는 단순 반복적인 신체의 움직임은 신체에너지를 고갈시키고 심리적인 탈진을 초래한다. 가치 있는 역량 계발로 이어지지 않는다. 그럼에도 노동을 놀이로 대체하기에 석연치 않다고 느낀다면 세 가지 이유를 들려주고 싶다.

부모 혁명

먼저 시대가 변하고 있다. 이 시대는 창의적인 인재를 원한다. 창의적인 아이디어는 숨 돌릴 새 없이 일만 할 때는 결코 얻을 수 없다. 일터에 쉼터와 쉴 틈이 충분해야 창의성이 샘솟는다. 흡인력 있는 탄탄한 스토리와 입체적인 캐릭터로 유명한 애니메이션 회사 픽사(Pixar)에서는 직원들이 작업 공간을 취향대로 자유롭게 꾸민다. 관행에서 벗어난 엉뚱한 이탈이 창의력 발산으로 이어지기 때문이다. 매년 록밴드 경연대회도 개최한다. 일과 놀이의 경계가 느슨해져서 직원들은 일을 놀듯이 한다. 넉넉한 여유 덕에 갖게 된 넘치는 에너지와 열정을 일에 마음껏 쏟는다. 함께 놀며 일한 동료와는 마음도 잘 맞아 협력과 소통이 원활하다.[4]

두 번째로 세대가 변하고 있다. 2000년 이후에 태어난 자녀는 부모와 다르다. 서로 다른 가치관과 개성을 지닌 아이들을 일반화하기는 어렵다. 하지만 내 아이들만 봐도 나와는 확실히 다르다. 자신에게 즐거운 것이 우선인 아이들은 필요한 만큼만 공부한다. 부모님 몰래 놀았던 나와 다르게 당당하게 내 앞에서 논다. 사회에 막 첫걸음을 내딛는 젊은 세대도 다르다. 일을 더하고 돈을 더 버는 것은 부모 세대에나 통용되던 미덕이었다.

마지막으로 놀이의 맥락이 변하고 있다. 놀지 않고 일만 해야 한다는 생각이 보편적이었을 때 놀이는 불로소득을 누리는 자에게만 허용됐다. 늦은 시간까지 육체노동과 정신노동을 해야 하는 일반인에게 놀이는 시간 제약이 없는 조건에서나 가능했다. 하지만 지금은 누구나 신분의 벽을 뛰어넘어 놀이를 즐길 수 있다. 누구나 놀이에 접근할 수 있고 놀이를 향유할 수 있다. 게다가 이 시대는 일과 삶의 균형을 중요하게 여긴다. 많은 시간을 쏟아야 했던 단순 반복 작업은 기계 몫이 되었기 때문이다. 이제 우리는 감당하기 힘들 정도로 남아도는 시간에 놀 거리를 준비해야 한다. 몸 쓰는 대부분 일을 노예에게 맡기고 흥미로운 일로 여가를 채웠던 그리스 시대의 귀족처럼 말이다.

노동이 우리를 행복하게 해주던 시대가 끝났다는 주장은 사실 19세기 말부터 제기되었다. 노동을 중요한 분석대상으로 삼았던 칼 마르크스(Karl Marx)와 달리 마르크스의 사위인 폴 라파르그(Paul Lafargue)는 대담하게도 게으름을 찬양했다. 근면과 성실이라는 노동윤리관이 팽배했던 시대에 『게으를 권리』라는 도발적인 제목의 책을 발간했다. 라파르그는 여성에게 출산 전후로 2개월 유급휴가를 보장해야 한다고 주장해 프랑스 의회를 들썩이게 만들기도 했다. 그는 성직자, 경제학자, 도덕가가 노동에 거룩한 후광을 씌워 공장노동자를 기계의 노예로 전락시키고 생명력을 고갈시켰다고 비판했다.

라파르그는 당시 인권이 얼마나 무시당했는지를 말의 권리와 비교해서 설명했다. 『말의 권리와 인간의 권리』에 따르면 프랑스에서 잘나가던 산업인 합승마차에서 일하던 노동자는 하루에 14시간에서 16시간까지 중노동을 했다. 반면에 마차를 끌던 말은 하루에 5시간에서 7시간만 일했다. 고용주는 자신이 총애하는 말이 휴식을 취하며 피로를 풀 수 있도록 넓은 목초지도 구입했다. 네 발 달린 말의 안락함을 위해 두 발 달린 인간에게 주는 임금보다 더 많은 돈을 지출했던 것이다.[5]

라파르그는 부르주아의 이런 비인간적인 행태를 참을 수 없었다. 그래서 그는 노동자가 하루에 3시간만 일하고 나머지 시간에는 여가와 오락을 즐겨야 한다고 주장했다. 노동을 찬미하던 맹목적인 신념에 반기를 든 것이다. 프로테스탄트 윤리관에 따르면 부지런하면 신의 은총을 받지만 게으르면 천벌을 받는다. 비극적인 종말을 피하기 위해 대중은 힘든 노동을 당연하게 받아들였다. 하지만 라파르그는 노동찬양 트렌드가 초래한 만성 불행과 만성 피로에 주목했다. 일중독이 인류를 행복은커녕 불행으로 몰아넣고 있다는 점을 지적했다. 이 위기상황을 극복하기 위해 게으름의 의미를 재조명해야 한다고 주장했다.

자본가계급이 처음부터 근면과 금욕을 옹호했던 것은 아니다. 중세시대에 이들은 자유로운 사상을 찬미했다. 그런데 귀족계급을 대상으로 한 투쟁에서 이겨 권력을 쟁취한 후에 입장을 돌연 바꿔버렸다. 기계처럼 쉼 없이 노동하는 것만이 유일선이라는 담론을 퍼뜨린 것이다. 그 결과 근로자들은 노동 강박증 환자가 되어버렸다.[6]

자본주의 초기인 19세기에 통렬한 비판을 받았던 프로테스탄트 노동윤리관은 지금과 같은 심화 자본주의에는 더더욱 통용될 수 없다. 노동이 지위상승으로 연결되는 고리가 끊어지고 있다. 이를 악물고 고통을 견뎌가며 일해도 인생역전의 기회가 잘 오지 않는다. 놀이와 맞바꾼 일에 대한 헌신이 성공으로 이어졌던 내러티브는 과거의 유물이 되고 있다.

경제학자 우석훈은 노동에 대한 근면정신은 기복신앙과 자본주의가 만들어낸 산물이라고 주장한다. 열심히 일하면 원하는 것을 얻을 수 있다는 믿음이 노동에 대한 환상을 고착시켰다는 것이다. 또한 그는 일에 대한 지나친 열정이 창의성을 저해할 수 있다고 우려한다. 자신이 진정으로 원하는 것이 무엇인지 확인하기 위해서는 여유 있는 시간과 공간이 필요하다. 하지만 바쁘게 일하는 것만이 미덕인 사회에서는 자신의 욕망을 점검할 수 있는 시간을 찾을 여력이 없다. '굶어죽을 수도 있다'는 원초적인 두려움으로부터 자유롭지 못한 상황에서 인간이 창의력을 발휘하기는 쉽지 않다.[7]

불안과 걱정, 분노가 일상이 되어버린 현대 사회는 인간에게 끊임없이 각성할 것을 요구한다. 이런 사회의 메시지를 지속적으로 주입받은 개개인은 더욱더 일에 몰두하게 된다. 창의력을 발휘하기 어려운 상황 속으로 자신을 몰아넣는다. 지금 우리에게는 쉬지 않고 일해야 한다는 노동관을 대체할 새로운 테제가 필요하다. 놀듯이 즐겁게 살아야 세상을 바꿀 수 있기 때문이다. '놀면서 일하기, 놀듯이 일하기'가 새로운 시대의 성공코드다. 이제 우리의 본능인 '놀이'라는 오래된 미래로 돌아가야 할 시간이다.

2. 제대로 노는 사람이 살아남는다

　최초 역사가이자 이야기꾼인 헤도로토스(Herodotus)의 『역사』에는 흥미로운 놀이의 기원이 담겨 있다. 리디아 인은 헬라스 인이 즐기는 놀이 대부분을 자신들이 만들어낸 것이라고 주장했다. 그런데 리디아 인이 놀이를 만들게 된 배경이 흥미롭다. 약 3,000년 전 소아시아 아튀스 왕 재임 중에 리디아 전역에 심한 기근이 들었다. 리디아 인은 처음에는 묵묵히 참고 견뎠지만 기근이 생각보다 오래 지속되자 어떻게 고통을 완화할 수 있을지 고민했다. 식욕을 잊을 만큼 재미있는 무엇인가를 만들라는 왕의 지시가 떨어졌다. 주사위놀이, 공기놀이, 공놀이를 비롯한 온갖 종류의 놀이가 이때 만들어졌다. 먹을 것이 부족했던 리디아 인은 이틀에 한 번씩만 먹으며 버텼다. 먹지 않는 날에는 하루 종일 놀이를 하면서 보냈다. 이렇게 무려 18년을 버텼다. 리디아 인은 굶어 죽지 않기 위해 놀아야 했던 것이다. [8]

　리디아 사람들에게 게임은 현실 도피의 일환이었다. 이 현명한 대처 덕분에 그들은 20년에 가까운 기근상황을 버텼다. 함께 어울려 하루 종일 놀면서 고된 삶을 견뎌냈다. 주린 배를 게임이 주는 즐거움으로 채웠다. 굶주렸지만 게임 덕에 질서를 지킬 수 있었다. 그들에게 게임은 사회적 위기를 극복할 수 있는 대안이었다. 놀이는 주변 세상과 끈끈한 관계를 맺게 해주는 연결고리였다. 게임을 통해 소속 욕구와 성공 갈망을 충족시켰다. 그 결과 내일을 기약할 수 없는 상황 속에서도 삶을 적극적으로 디자인할 수 있었다. [9]

『아이들은 놀이가 밥이다』라는 책을 쓴 놀이밥 삼촌 편해문은 아이가 스스로 살아갈 수 있는 힘은 어린 시절 풍요로운 놀이경험에서 비롯된다고 주장한다. 그에 따르면 놀이는 배움의 시작이고 삶의 근력을 키우는 원동력이다. [10] 밥을 제때 먹어야 건강하게 살 수 있듯이 아이는 제때 '놀이밥'을 먹어야 허기가 지지 않는다. 놀이밥을 충분히 먹지 못하면 채워지지 않는 내면의 배고픔을 안게 된다. 이 결핍은 학교폭력, 게임 과몰입, 집단따돌림과 같이 일그러진 형태로 투사된다. 어릴 때부터 학교에서 학원으로 오가며 바쁜 아이들은 놀이밥을 먹을 장소도 마땅치 않고 영양소가 풍부한 놀이밥을 찾기도 어렵다. 에너지를 마음껏 발산할 수 있는 공간이 턱없이 부족한 가운데 기껏 찾아낸 장소가 PC방, 만화방, 코인노래방, 오락실, 인형뽑기가게 정도다. 컴퓨터게임, 밀폐된 공간에서 소리 지르기, 동전과 맞바꾼 찰나의 쾌락 맛보기가 아이들 놀이밥의 현주소다.

편해문은 우리 아이들이 아날로그 놀이로 돌아가야 한다고 목소리를 높인다. 아이는 다양한 형태의 놀이기구에 도전하면서 창의성과 모험심을 키울 수 있다. 그런데 우리나라 놀이터는 대부분 안전 진단 통과에만 초점을 맞춘 탓에 모양이 비슷비슷하다. 규격화된 '영혼 없는 놀이터'가 되어 버렸다. 놀 수 있는 형태도 고만고만할 수밖에 없다. 결국 우리는 놀이터 '편식주의'에 빠지게 된다.[11]

2013년 박사과정을 위해 캐나다에 갔을 때 놀이터를 처음 보고 충격을 받았다. 위험천만해 보이는 놀이기구들이 즐비했기 때문이다. 학교 놀이터도 마찬가지였다. 놀이터 안 놀이기구 모양이 다 제각각이란 점도 놀라웠다. 위험하기 짝이 없어 보이는 놀이기구를 아주 어린아이도 부모 도움 없이 잘 이용했다. 어린이 키 높이를 훌쩍 넘는 놀이기구도 많았다. 아이들은 놀다가 실수로 떨어지기도 했다. 당시 여섯 살배기였던 내 막내딸도 자기 키보다 큰 놀이기구를 이용하다 아래로 떨어졌다. 아이도, 나도 너무 놀랐다. 아이는 울었고 나는 정신없이 아이 곁으로 달려가서 아이를 달랬다. 나중에 놀이터에서 넘어지거나 다친다고 우는 아이도 거의 없고 우는 아이를 달래주는 엄마는 더 없다는 것을 알았다. 놀이기구 아래에는 톱밥이나 부드러운 나무 부산물이 수북해서 아이가 크게 다치지 않기 때문이다. 대부분의 보호자는 아이 옆에서 따뜻한 말을 건네면서 아이가 스스로 힘으로 털고 일어나도록 했다.

아이들은 굳이 놀이터가 아니더라도 자연 속에서 창의력을 발휘해 얼마든지 놀 거리를 찾을 수 있다. 핀란드 유치원에서는 영하 15도 아래로 수은주가 떨어지지 않는 한 매일 야외활동을 한다. 비가 오는 날도 예외가 아니다. 우비와 장화로 중무장을 하고 유치원 근처 숲과 물가로 떠난다. 물웅덩이도 생기고 진흙도 생겨 놀 소재가 더 많아진다며 비오는 날을 반긴다.[12]

우리나라는 이웃 나라 중국에서 날아오는 미세먼지 때문에 야외활동이 가능한 날이 점점 줄고 있다. 하지만 집에서도 얼마든지 놀 수 있다. 부모도 놀이가 필요하니 아이와 신나게 놀자. 놀이가 거창한 것은 아니다. 멀리 떠나거나 큰돈을 써가며 체험프로그램에 참여하는 것만이 놀이가 아니다. 일상생활에서 부모가 하는 일을 아이가 따라 하면 다 놀이가 될 수 있다. 부엌도 얼마든지 놀이의 공간으로 변할 수 있다.

계란찜을 하려고 계란을 깰 때 막내아이는 자신이 하겠다고 나선다. 김밥을 만들려고 재료를 썰면 아이들이 달려든다. 선심을 쓰는 척하고 당근과 오이처럼 단단해서 썰기 쉬운 것들을 하나씩 건넨다. 메추리알을 몇 판 삶는 날에는 메추리알을 하나라도 더 받기 위한 경쟁이 치열하다. 메추리알 반찬 만들기라는 노동이 메추리알 빨리 까기 놀이로 변신한다. 까는 것보다 아이들 입에 들어가는 게 더 많은 날도 있지만 이렇게 아이들과 함께 만든 요리는 더 각별하다. 식품첨가물이 잔뜩 든 음식 대신에 신선한 한 끼를 뚝딱 준비하고 행복하게 나눌 수 있는 비결이다.

부모 혁명

춤을 추거나 노래를 부르거나 그림을 그리는 것도 집에서 쉽게 할 수 있는 놀이다. 중학교 2학년 때 부모님은 새집을 사게 된 것을 기념하며 오디오를 사셨다. 이후 나는 어머니, 남동생과 LP판의 볼륨을 높이고 신나게 춤을 추었다. 땀이 흥건할 정도로 정신없이 몸을 움직이면서 마음껏 웃었던 기억은 지금도 나를 행복하게 한다. 30년이 지나 나는 이제 세 아이와 춤추며 논다. 아이들도 잘 아는 애니메이션 노래를 부르며 우스꽝스럽게 몸을 움직이기도 하고 방탄소년단의 뮤직비디오를 틀어놓고 절도 넘치는 그들의 춤을 어설프게 따라 하기도 한다. K팝에 맞춰 춤을 출 때는 자신의 춤에 몰두하기보다 서로의 춤을 비방하기에 바쁘지만 신나는 기분을 상쇄할 정도는 아니다.

시대를 넘나들면서 오랜 생존력을 자랑하는 실뜨기와 공기놀이도 쉽게 할 수 있는 놀이다. 어머니에게 배웠던 실뜨기와 공기놀이를 나도 아이들에게 가르쳤다. 편해문은 이렇게 단순한 놀이가 살아남을 수 있었던 비결은 시간적·공간적 제약조건을 극복했기 때문이라고 했다. 학교에서 쉬는 시간 10분만 주어져도 공기알 다섯 개와 한 가닥 실만 있으면 아이들은 얼마든지 기쁨을 누릴 수 있다. 많은 공간도 필요하지 않다. 옹기종기 앉을 수만 있으면 된다. 아이들은 이 놀이를 할 때 정형화된 방법에 머무르지 않는다. 상상력을 발휘해 변형된 형태로 바꿔나간다. 실과 공깃돌이 지닌 이런 가능성, 개방성, 열림이라는 특성 덕분에 실뜨기와 공기놀이는 세대를 초월해 공감을 얻게 되었다. [13]

우리나라를 찾는 외국인은 흠칫 놀란다고 한다. 화난 표정을 짓고 있는 한국인의 모습이 익숙하지 않기 때문이다. 어릴 때 제대로 놀아보지 못한 우리는 어른이 되어서도 어떻게 놀아야 하는지 모른다. 어릴 때부터 충분히 채워지지 않았던 내면의 욕구는 일그러진 모습으로 분출된다. 사소한 일에 심하게 분노하는 '앵그리 코리언'이나 타인의 일상에 지나치게 관여하는 '오지라퍼(오지랖+er)' 같은 모습이 대표적이다. 이런 어른들에게 노는 것이란 시간낭비이거나 품위가 떨어지는 것이다.

에크하르트 톨레(Eckhart Tolle)는 모든 사람이 '고통의 몸'을 가지고 있다고 했다. 많은 사람이 고통스러운 언어, 자극, 경험, 감정을 매일 당연하게 받아들인다는 것이다. 일본 제국주의 시대 군대에서는 사병이 하루치 매질을 당하지 않으면 잠을 이루지 못했다고 한다. 고통의 몸으로 디폴트 조건이 세팅되어버리는 순간 우리는 고통을 '기다리는' 어리석은 몸을 갖게 된다. [14] 생각 또한 마찬가지다. 우리는 하루에 45,000번의 부정적인 생각을 하는데 이는 무려 우리 생각의 80%를 차지한다. [15] 이런 마이너스적인 생각은 우리 몸을 갉아먹는다. 즐거움 대신에 부정적인 생각과 체험을 삶에 들여놓는 것도 습관이다.

의료휴양지인 캐넌 랜치 의료원장인 마크 리포니스(Mark Liponis) 박사는 이런 부정적인 생각이 어떻게 우리 건강을 해치는지 알려준다. 염증은 심장병, 암, 당뇨, 알츠하이머, 뇌졸중 같은 현대병의 주요 원인이다.

염증은 면역체계에서 온 스트레스 반응이다. 우리 몸에 세균과 박테리아가 침입하면 평소 세 배 정도의 백혈구가 모여든다. 백혈구가 외부 병균과 열심히 싸우는 동안 우리 몸은 욱신거린다. 면역체계가 가동되는 것이다. 이 치열한 전투의 결과 염증이 남는다. 문제는 이 염증이 부정적인 감정에 의해서도 생긴다는 것이다. 면역체계가 감정에도 반응하기 때문이다. 걱정, 분노, 두려움, 고통과 같은 부정적인 감정은 백혈구에게 순찰을 나가라고 명령한다. 특별한 외부 공격대상이 없는 상태에서 면역 시스템이 가동되면 많은 백혈구가 일시에 몰려 온몸에 염증 흔적이 남는다. 예전에 세균과 박테리아 때문에 죽음을 맞이했던 인류가 이제 부정적인 생각으로 인한 염증의 여파로 건강을 잃고 있다.[16]

다행히 놀면서 습관처럼 자리 잡은 부정적인 생각을 몰아낼 수 있다. 놀이는 몸의 면역체계가 비정상적으로 가동되는 것을 막아준다. 오늘 아침을 떠올려보자. 밝게 웃으면서 힘찬 아침을 맞이했는가? 하루를 열면서 어떤 기분이 들었는가? 가족 중 누군가가 무표정한 얼굴로 마지못해 학교나 회사에 갔다면 그것이 바로 놀 때가 되었다는 신호이다. 자신과 소중한 가족이 고통의 몸과 고통의 정신에 시달리지 않기 위해서 놀이가 필요하다.

3. 놀아본 아이, 놀 줄 아는 부모

조지 버나드 쇼(George Bernard Shaw)는 사람이 늙어서 놀이를 중단한 것이 아니라 놀이를 중단하기 때문에 늙는 것이라고 했다. 나이가 들수록 시간이 흐르는 속도가 더욱 빨라지는 것을 느낀다. 어릴 때는 대부분 경험이 새롭기 때문에 세월이 흐른 후에도 선명한 기억으로 남는다. 하지만 나이가 들수록 주로 반복적인 경험을 하게 된다. 무미건조한 사건만 이어지다 보니 현재에 그다지 관심을 갖지 않게 되는 것이다.[17] 따라서 한 달이, 일 년이 훅 지나가 버렸다고 여기기 십상이다.

안타까워할 필요가 없다. 나이가 들수록 빨리 가는 시간을 더디게 가도록 할 수 있다. 순간순간에 의미를 부여하면서 살면 된다. 놀이는 밋밋한 하루를 감동으로 가득 찬 삶으로 바꿔준다. 놀다보면 평범한 일상이 특별한 날로 변신한다. 뇌는 갑자기 바빠진다. 놀면서 느꼈던 강력한 즐거움과 소소한 에피소드를 기억하고 싶기 때문이다. 더 많은 기억은 같은 시간이라도 더 길게 느끼게 한다.[18] 우리는 경험을 감정과 느낌으로 기억한다. 감정을 표현하고 매 순간을 의미 있는 순간으로 느끼면 기억할 만한 사건이 많아진다. 그것이 덧없이 흘러가는 시간을 가치 있는 일로 채워 천천히 흐르도록 만드는 방법이다.

아인슈타인은 인생을 사는 방법에는 두 가지가 있다고 했다. 하나는 아무 기적도 없는 것처럼 사는 것이고 다른 하나는 모든 게 기적인 것처럼 사는 것이다.[19] 전자의 마음가짐을 가진 사람의 일상은 평범하기 그지없다. 다양한 이벤트가 삶에 일어나도 감정의 변화를 그다지 겪지 않는다. 슬로우 모션으로 하루가 흐르지만 세월이 지나고 나면 기억에 남는 것이 없다. 그 순간순간은 지루하기 짝이 없다며 하품을 하며 보내지만 기억할 만한 사건이 없기 때문에 과거를 회상해보면 시간이 매우 빠르게 지나갔다고 여기게 된다.

반면 후자의 마인드로 사는 사람에게는 다른 사람은 매일 똑같다고 여기는 일상도 기적의 연속이다. 아침에 눈을 뜨는 것도, 밥을 먹을 손이 있는 것도, 맛있는 음식을 맛볼 혀와 이가 있다는 것도 기적이다. 인생이 수많은 의미와 경험으로 가득 차 있기에 밀도 높은 삶을 누린다. 이런 마음가짐을 지닌 사람에게 삶은 다채로운 사건의 시퀀스다. 빠른 템포의 리듬감을 즐기며 하루를 보낸다. 같은 일을 반복하더라도 늘 깊은 감동을 느끼고 다른 종류의 감정을 경험하기 때문에 새로운 이벤트로 인식한다. 삶이 역동적일 수밖에 없다.

뇌과학자는 전두엽이 행복의 중추라고 말한다. 이 최고사령부를 건강하게 관리하기 위한 첫 번째 수칙은 감수성을 촉발하는 것이다. 감정에 둔감해지면서 노화가 시작되기 때문이다. 놀 때는 매 순간 감수성이 예민해져서 전두엽이 자극된다. 항산화제를 복용하는 것과 비슷한 효과를 갖게 된다. 신의 음식이라고 알려진 암브로시아(ambrosia)는 진시황이 그토록 찾아 헤맸던 불로초다. 먹으면 불로장생을 넘어 불사의 몸이 된다. 우리가 호모 루덴스가 되면 불사까지는 아니지만 늙는 것을 늦출 수 있다. 중력의 영향으로 외모가 변하는 것은 막을 수 없지만 적어도 뇌의 노화만은 방지할 수 있다. 피터팬과 웬디가 함께 즐겁게 살았던 네버랜드에서 나와 자녀들이 한바탕 놀아볼 수 있다는 것이다.

　인간이 다른 동물과 다른 점은 놀이를 통해 계속 성장할 수 있다는 점이다. 대부분의 동물은 어린 시절에만 신경회로가 급속도로 증가한다. 하지만 인간은 사춘기를 지나도 놀면서 뇌를 계속 진화시킬 수 있다. 이 축복과 같은 과정을 통해 인류는 문명과 예술의 발전을 이끌 수 있었다. 놀 줄 아는 이는 신경계 질환뿐 아니라 뇌와 무관해 보이는 질병에도 덜 걸린다. 병에 걸려도 더 빨리 치유된다. 놀이를 멈추는 순간 노화가 시작되고 죽음에 보다 가까워진다.

　남이 만든 놀이만 하지 않고 자신이 놀이를 직접 만들면 새로운 행복을 찾을 수 있다. 여든 살이 훌쩍 넘은 와카미야 마사코 할머니는 게임을 좋아한다. 하지만 대부분 플레이어가 젊은이라서 이길 수 없었다. 단한 번도 승리하지 못한 할머니는 참다못해 노인을 위한 게임을 개발해달라고 게임사에 메일을 보냈다. 반년 동안 기다려도 답이 없자 직접 게임을 개발하기로 결심했다. 노력 끝에 노인이 젊은이를 상대로 이길 수 있는 아이폰용 게임을 만들었다. 일본 전통의상에 대한 지식이 있어야 이길 수 있는 '히나단'이라는 게임을 개발한 것이다. 와카미야 마사코 할머니는 정보통신기술을 낯설어하며 요즘 시대에 잘 적응하지 못하는 노인을 위해 블로그를 운영하고 컴퓨터를 가르치면서 왕성하게 활동하고 있다. [20]

놀이는 시간의 종축에서 과거와 미래의 나를 이어주는 매개가 된다. 놀지 않는 나 자신은 과거와 미래의 나와 단절된다. 지금 논다는 것은 예전에 놀던 내 모습을 떠올리는 것이고 동시에 앞으로 놀게 될 나를 상상한다는 것이다. 놀이는 존재론적 장에서 주변 사람과 나를 횡적으로 연결해준다. 놀이는 나와 내 옆에 있는 사람을 잇는 점이 된다. 타인의 시간과 내 시간을 잇는 선이 된다. 그들의 이야기와 내 이야기를 엮는 그물이 된다. 다른 사람이 살아온 역사와 내가 살아갈 역사의 공통지점을 넓혀준다. 당장 의무적으로 해야 하는 일에만 매몰되어 기쁨의 원천으로부터 나를 멀리 쫓아내는 삶은 불행하다. 놀지 못하는 나는 존재하지만 존재하지 않는 상태와 같다.

인간은 누구나 자유롭고 싶어 한다. 그래서 누군가 새로운 것을 습득하도록 강요하면 방어벽부터 치게 된다. 놀이는 이 본능과 충돌을 빚지 않으면서 내가 '해야만 하는 것'을 기쁜 마음으로 해낼 수 있게 하는 비법이다. 회사에서 새롭게 맡게 된 업무를 짧은 시간 안에 익혀야 할 때, 쌓인 집안일을 해야 할 때, 끝이 안 보이는 공부를 계속 해내야 할 때. 놀이 콘셉트와 놀이 마인드를 삶에 들여놓자. 놀이라는 불로초를 먹는 순간, 경기장에서 의무방어전을 치르던 내가 즐거운 놀이터로 공간이동을 하는 신비로운 경험을 하게 될 것이다.

이때 유념해야 할 사항이 있다. 놀이를 마치 의무사항처럼 받아들이면 자율의지가 결여되어 놀이에 대한 흥미를 잃게 된다. 놀면서 기회비용을 생각하는 것도 삼가야 한다. 이 시간에 '놀지 않고 외국어를 공부한다면…, 책을 읽는다면 더 도움이 될 텐데….'라는 생각은 접어두자. 지금 노는 이 순간이 나와 자녀가 더 나은 인재로 거듭나는 데 도움을 줄 테니 말이다. 놀아본 부모의 자녀가 놀 줄 안다. 놀 줄 아는 부모와 놀아본 아이가 경쟁력 갖춘 인재가 된다. 자녀와 함께 놀 줄 아는 부모는 늙지 않는다.

4. 행복해서 웃는다? 웃어야 행복하다!

노는 것은 본능이다. 놀면서 우리는 웃는다. 플라톤(Plato)은 "인생은 놀이처럼 영위되어야 한다."라고 말했다. 플라톤의 사상을 이어받은 아리스토텔레스(Aristotle)는 인간을 '웃는 동물(animal ridens)'이라고 정의했다. [21] 아이들은 태어나면 별일 아닌 일로도 참 많이 웃는다. 특히 영유아기 때는 하루에 평균 350번을 웃는다고 한다. [22] 이에 반해 가장 안 웃는 아빠는 어떠한가? 평균 10번을 웃는다고 한다. 6시에 일어나서 11시쯤 잠자리에 든다고 가정했을 때 한두 시간에 한 번꼴로밖에 안 웃는다는 것이다. 하지만 웃음은 좋은 운동이다. 우리 몸에 있는 650개 근육 중에서 크게 웃을 때는 231개 근육이 움직인다. 그래서 10초만 웃어도 4분 동안 조깅한 효과가 나고 좀 욕심내서 하루에 10분 내지 15분씩 웃으면 다른 운동을 안 해도 2kg 정도 체중 감량 효과도 있다. [23]

아이가 어릴 때는 자주 까르르 웃는다. 아이를 따라 어른도 웃었다. 그런데 아이가 웃을 때 어른이 즐겁게 반응해주지 않으면 아이도 점점 웃지 않게 된다. 한 집에 살아도 웃음이 점차 사라지게 된다. 웃는 것도 유전자 안에 깊이 새겨져 있는 자연스러운 현상이다. 놀이를 통해 잃어버린 웃음 유전자를 찾을 수 있다. 일본 면역학 1인자 아보 토오루에 따르면 웃음은 효과적인 암 치료 요법이다. 잘 웃지 않아 몸과 마음이 긴장된 상태로 지내는 어른들은 저체온으로 암에 잘 걸린다. [24] 하루 대부분을 바른생활인으로 보내는 어른의 교감신경은 과도하게 작동해 스트레스 호르몬을 다량 분비한다. 하지만 놀면 이런 현상을 완화시킬 수 있다.

많은 사람이 말한다. "웃을 일이 있어야 웃지." 그런데 먼저 웃어야 웃을 일도 많아진다. 독일 정신의학자 에밀 크레펠린(Emil Kraepelin)의 작동흥분이론(Work Excitement Theory)에 따르면 우리 뇌는 몸이 움직이기 시작하면 일단 하던 일을 계속 하는 게 합리적이라고 판단한다. [25] 새로운 일을 시작하면 아무리 낯설어도 관성의 법칙에 따라 계속하려는 경향이 있다는 것이다. 어떤 행동을 그만두기 위해 써야 하는 에너지를 아끼기 위해서다.

비슷한 주장으로 제임스-랑게이론(James-Lange Theory)이 있다. 행동이 감정을 일으킨다는 것이다. 우리는 어떤 현상에 대해 느끼는 특수한 감정이 특정 행동을 유발한다고 생각한다. 즉, 불행하다고 느끼기 때문에 웃지 않는다는 것이다. 그런데 자율신경계와 정서 관계를 연구한 제임스와 랑게에 따르면 반대의 경우가 진실이다. 우리는 어떤 행동을 하고 있기 때문에 그 행동과 결부된 특수한 감정을 느낀다는 것이다. 불행하기 때문에 웃지 않는 게 아니라 웃지 않기 때문에 우리 스스로를 불행하다고 여기게 된다.

실천이 우선이다. 행동으로 나를 변화시키면 내가 원하는 감정은 순순히 내 행동을 따라온다. '웃을 일이 없다, 웃을 상태가 아니다, 웃고 싶지 않다'며 기쁨을 유예하지 말자. 지금 재미있는 영상을 보면서 크게 소리 내서 웃어보자. 집에 스마일 라인을 그어놓고 그 라인을 지나갈 때마다 의식적으로 웃자.

놀이를 통해 나빠진 건강을 되찾을 수도 있다. 미국 미래연구소 제인 맥고니걸(Jane McGonigal) 개발이사는 게임을 하면서 건강을 회복했다. 뇌진탕에 걸린 맥고니걸은 가족과 친구의 도움으로 위기상황을 극복하기 위해 슈퍼베터(SuperBetter)라는 게임을 개발했다. 이 게임은 환자였던 자신의 경험을 바탕으로 만들었다. 환자는 가족에게 부담이 되기 싫어서 얼마나 도움이 필요한지 솔직하게 말하지 않는다. 그 결과 아무리 가까운 가족이라도 환자의 고통을 잘 알지 못하게 된다. 맥고니걸은 가족과 친구들에게 도와달라고 직접 말하는 대신에 멀티플레이 게임으로 호소했다. 자신이 필요로 하는 도움의 모습을 게임 안에 담아낸 것이다. [26]

슈퍼베터 게임 안에서 환자는 무능력자가 아니라 자신의 증상과 싸우는 슈퍼히어로가 된다. 맥고니걸은 뇌진탕을 뱀파이어로 자신을 뱀파이어 퇴치사로 설정했다. 후견인이 된 여동생의 미션은 매일 전화로 뱀파이어 퇴치상황을 보고받는 것이었다. 컴퓨터에 능한 남편에게는 부인의 활약상을 수치화해서 기록으로 남기고 그녀가 두통 없이 컴퓨터로 일할 수 있도록 돕는 역할이 주어졌다. 친구들의 임무는 일주일에 한 번씩 그녀를 방문해서 악을 퇴치하기 위해 고군분투하는 영웅의 사기를 높여주는 것이었다. 이 멀티 플레이어 게임 덕분에 맥고니걸 이사는 건강을 되찾았다.[27]

사회심리학 연구에 따르면 상해나 만성질병을 겪는 환자는 주변 사람들에게 도움을 요청하기를 꺼린다. 짐이 되기 싫기 때문이다. 가족과 친구들은 환자를 돕고 싶지만 구체적인 방법을 알지 못한다. 이런 상황에서 게임은 환자가 건강 회복을 위해 적극적으로 노력하고 주변 사람들과 적극적으로 교류할 수 있도록 해준다. 사회적 고립을 막고 치료 속도를 높인다.

직접 게임을 하지 않고 상상게임만으로 건강을 회복한 사례도 있다. 암에 걸린 한 소년은 컴퓨터 게임을 하듯이 상상을 해서 몸속에 있는 암세포를 물리쳤다. 그 소년은 암세포를 총으로 쏴 차례로 쓰러뜨리는 장면을 하루에도 수십 번 생생하게 그렸다고 한다. 이런 상상훈련을 시작한 지 2주 후에 몸 속 암세포가 빠른 속도로 줄어들었고 얼마 후에는 완치가 되었다.[28]

놀이를 통해 더욱 건강하고 행복한 삶이 가능하기에 호모 루덴스는 놀이를 삶 안에 보편적인 일상으로 들여놓는다. 아무리 어려운 일이 닥쳐도 당장 큰일이 벌어질 것처럼 미간을 찌푸리지 않는다. 대신 즐거움이라는 요소를 세포 구석구석에 각인시키며 산다. 다양한 놀이의 스펙트럼을 마음껏 즐긴다. 이들에게 노는 것은 죄악이 아니다. 오히려 제대로 놀지 못하는 것이 부끄러운 것이다. 호모 루덴스의 삶은 놀이라는 프레임으로 탄력적으로 리셋된다.

5. 포기하지 않는 힘, 낙관적인 인생관

게임과 같은 놀이는 낙관적인 인생관을 기르는 데도 도움이 된다. 마틴 셀리그먼(Martin Seligman)은 성공과 실패를 바라보고 해석하는 방식을 통해 낙관적인 사람과 비관적인 사람을 구분할 수 있다고 했다. 낙관적인 사람은 실패를 경험하면 실패 야기 요인을 수정하고 보완하면 다음에는 성공할 수 있다고 생각한다. 반면에 비관론자는 자신의 힘으로 바꿀 수 없는 내·외부 변인으로 실패했다고 여기며 자신을 무능하다고 비난한다. 상반된 인식 차이는 향후 성과로도 이어져 낙관적인 사람은 학업 성취도도 높다. 펜실베이니아 대학교에 입학한 신입생 500명을 대상으로 한 연구에서 셀리그먼은 낙관주의 검사 점수가 대학입학자격시험이나 고등학교 졸업점수보다 대학 성적을 더 잘 예고한다는 것을 밝혔다. 지능을 측정하는 데 그치는 대학입학시험과 달리 낙관주의 검사는 누가 포기할지를 알려주기 때문이다. [29]

머리가 좋다는 것이 성공을 담보하지 않는다. 실패를 역경상황으로 인식하고 포기하면 아무리 똑똑해도 성공할 수 없다. 실패 경험이 성장을 향한 도전 여정이라고 여기는 자가 성공한다. 패배하더라도 실패에 굴복하지 않는 불굴의 의지가 필요하다. 낙관주의는 바로 이 포기하지 않는 힘의 근간이 된다.

학습을 통해 무기력과 낙담이 내재화된 상황을 셀리그먼은 '학습된 무기력(learned helplessness)'이라고 일컬었다. 학습된 무기력이란 통제가 불가능한 상황을 반복적으로 경험하면 무기력이 학습되어 자포자기 상태가 되어 버리는 것을 뜻한다. 학습된 무기력 상태에 빠지면 상황을 변화시킬 수 있음에도 자신의 잠재력을 더 이상 믿지 않게 된다. 의욕적으로 일을 추진하려는 의지가 저하되기 때문에 어떤 노력도 시도하지 않게 된다. 불안, 우울과 같은 부정적인 감정 상태에 쉽게 빠진다.

학습된 무기력이라는 개념의 대척점에 있는 것은 자아효능감(self-efficacy)이다. 자아효능감은 긍정적인 마음가짐을 바탕으로 어떤 일을 해낼 수 있다는 자신감을 뜻한다. 자아효능감을 연구한 스탠퍼드대 심리학자 앨버트 반두라(Albert Bandura)는 다음과 같이 말했다.

"자신의 능력에 대한 믿음이 그 능력에 심오한 영향을 미친다. 능력이란 고정된 특성이 아니다. 일을 수행하는 방식에는 엄청난 다양성이 존재한다. 자아효능감을 지닌 사람들은 실패가 닥쳐와도 다시 일어선다. 그들은 뭐가 잘못될지 걱정하기보다는 어떻게 처리할 것인가 하는 관점에서 일에 접근한다."[30]

자아효능감처럼 긍정 근육을 키우는 힘은 능력의 일종이다. 이 낙관근육은 가소성이 풍부하기 때문에 개인의 노력에 따라 그 크기가 달라진다. 낙관적인 기질은 생래적으로 어느 정도 타고나기도 한다. 하지만 경험과 훈련을 통해 키울 수 있다. 계속 실패해도 자신을 실패자라고 여기지 않는 것이 중요하다. 쌓여가는 실패가 성공으로 가는 발판이라고 생각의 전환을 해보자. 낙관적인 심리상태를 유지하면 내가 지금 처한 상황과 무관하게 나는 언제나 '성공인'이 될 수 있다.

긍정적인 마음가짐을 지니면 일을 더 효율적으로 할 수 있게 된다. 하버드대학교에서 10년 연속 최고 인기강좌인 '행복학'을 강의했던 숀 아처(Shawn Achor)는 행복학의 권위자다. 그는 긍정적인 상태로 뇌가 조율되면 스트레스를 받을 때보다 생산성이 증가한다고 했다. 긍정적인 영업사원은 비관적인 영업사원보다 판매량이 56% 더 높았다. 긍정적인 의사는 일반 의사보다 19% 더 정확하고 빠르게 병을 진단했다. 긍정적일 때 나오는 도파민이라는 호르몬은 우리를 행복하게 해줄 뿐 아니라 지식의 사령탑인 뇌를 풀가동시킨다. 더 나은 실적을 얻게 되고 자신감이 높아진다. 세상을 더욱 가능성의 시선으로 바라보게 된다. 긍정마인드가 성공사례로 이어지고, 성공경험이 긍정마인드를 견고하게 다지는 선순환을 이룬다.[31]

내 아들은 롤(LOL: League of Legend)을 좋아한다. 처음에 시작할 때 실버 5등급에서 시작했는데 게임을 계속하면서 강적들을 만나 브론즈로 등급이 낮아졌다. 실력을 높여 등급을 올리기 위해 꾸준히 연습했다. 반년 동안 실력을 다져 실버 3등급으로 다시 올랐을 때 아들은 기쁨을 감추지 않았고 우리 가족은 진정으로 축하해줬다. 아들이 목표를 달성하기 위해 노력하는 과정은 마틴 셀리그만(Martin Seligman)이 말하는 '유연한 낙관주의(flexible optimism)' 상황과 매우 유사했다. [32] 아들은 달성할 수 있는 목표 수준을 정하고 이에 맞춰 노력의 강도를 조절했다. 반드시 등급을 올릴 수 있다는 확신이 있었지만 등급 상향은 능력뿐 아니라 여러 변수의 영향을 받기 때문에 능력을 맹신하지 않았다. 등급은 게임에 함께 참여하는 동료, 경쟁자로 싸워야 하는 상대선수의 기량과 팀워크에도 좌우된다. 이런 여러 상황을 종합적으로 파악한 아들은 상황에 따라 목표 수준과 쏟아야 하는 에너지와 시간을 조절하면서 유연한 낙관주의를 길렀다.

아들과 공감대를 높이기 위해 나도 게임을 시도했는데 쉽지 않았다. 무엇보다도 같은 클랜에 있는 팀원들에게 누가 되고 싶지 않았다. 전투력이 약한 내가 패인의 주범이 되어 실시간으로 받게 될 부정적인 피드백이 두려웠다. 정신없이 전투를 치르는 가운데 쉴 새 없이 전략을 짜고 댓글을 남기는 아들이 대단해 보였다. 처음에는 아들이 게임을 좋아하는 것을 싫어했지만 지금은 내게 없는 재능이 있다는 점을 인정하고 아들이 즐기는 취미를 존중하려고 노력한다. 물론 게임 과몰입이 되어 일상생활에 지장을 초래하지 않도록 늘 주의를 기울인다.

게임은 비단 우리나라에서만 즐기는 것이 아니다. 중국의 게임 유저 수는 5억 8,300만 명에 이른다. 전체 인구 10명 중 4명이 게임을 즐기는 셈이다. 미국은 하루에 평균 6시간 30분 가까이, 일주일에 45시간을 게임에 쏟아 붓는 광적인 게이머가 500만을 훌쩍 넘는다. 유럽에서도 하루에 평균 3시간 가까이 게임을 하는 하드코어 게이머가 영국, 프랑스, 독일만 합쳐도 1,000만 명을 상회한다. [33] 독일은 게임을 하는 인구가 3,400만 명 정도인데 10대부터 50대까지 고루 게임을 즐기고 남녀 비율도 거의 비슷하다. 전 연령에 걸쳐 고루 게임을 즐기는 문화는 게임에 대한 긍정적 시각을 낳고 게임 산업이 성장할 수 있는 문화를 조성한다. 미국은 2016년에 백악관이 프로게이머를 초청해 게임과 건강관리를 주제로 생방송을 진행했다. 젊은 세대에게 호응을 받는 매체가 게임이라면 백안시하기보다 전략적으로 활용해 청소년에게 중요한 메시지를 전달하기로 한 것이다. [34]

게임을 적극적으로 하도록 장려하자는 말이 아니다. 그러나 내 아이들만 봐도 세 아이 모두 게임을 무척 좋아한다. 공감대를 높이기 위해서 자녀가 즐기는 것이 어떤 것인지 이해하려는 노력이 필요하다. 우리는 아이들이 게임을 하지 않으면 당연히 공부할 거라고 기대한다. 하지만 놀이심리학 권위자인 브라이언 서튼스미스(Brian Sutton-Smith)는 놀이의 반대는 일이 아니라 우울함이라고 말한다. [35] 게임을 억지로 금하면 우울증과 비슷한 감정을 느끼게 된다. 좋은 게임은 긍정적인 감정을 경험하게 해서 행복과 관련된 중추신경계를 모두 활성화시킨다. 게임의 이런 긍정적인 효과를 인정하고 전략적으로 적당한 시간을 허용해보자. 자녀가 좋은 게임을 선별할 수 있도록 안목을 키워주자.

  e스포츠 산업은 가파른 속도로 성장 중이다. 게임을 수동적으로 즐기는 데서 그치기보다 적극적으로 문화콘텐츠를 구상하고 코딩으로 게임을 만들어보도록 하는 것도 좋다. 게임은 현실에서 경험할 수 없는 성공경험을 쌓을 수 있게 해주고 게임을 통해 또 다른 나 자신을 만날 수도 있다. 게임 과몰입을 우려하는 부모가 많을 것이다. 나도 그랬다. 전문가들은 한국과 일본에 게임중독 학생이 많은 것은 사회구조적인 측면에 기인한다고 진단한다. 젊은이에게 고정된 커리어가 정답인양 강요하고 최고가 되라고 끊임없이 압력을 가하는 경쟁중심 문화가 게임중독자를 양산한다는 것이다.[36]
  게임 과몰입 상태가 되면 가상과 현실 상황을 이성적으로 분리해서 생각하는 힘이 줄어든다. 더 심해지면 실제 인생에서 경험해야 하는 다양한 도전 상황에 직면하는 것을 기피하게 된다. 과몰입 상태가 되지 않도록 세심한 배려가 필요한 이유다. 게임을 통해 경험한 긍정 에너지가 삶의 원동력이 되도록 옆에서 지켜보고 안내해주자.

6. 놀이는 뇌 발달과 창의력의 원천이다

놀이를 생존을 위한 연습으로 이해하는 고전적 이론에 따르면 생존에서 가장 중요한 능력인 민첩성과 근력을 키우기 위해 놀이가 시작됐다. 선사시대 사람은 막대기, 뼈, 돌을 던지는 훈련을 하면서 먹이를 정확하게 잡는 기술을 길렀다. 이런 놀이를 하면서 생존에 필요한 핵심기술을 익히고 조직 내 소속감도 높였다. 공동체 안 구성원을 서로 돕는 협력을 중요하게 여기게 된 것도 이때부터다.

프랑스 사회학자 로제 카아와(Roger Caillois)는 놀이를 네 가지 범주로 나눈다. 첫 번째는 경쟁을 통해 전략과 병법을 익히기 위한 아곤(Agon)이다. 카드게임과 체스, 바둑과 같은 전략게임이 여기에 속한다. 고대 아시아 문화권에서 유래된 이 놀이는 귀족 자녀에게 군사전략을 가르칠 목적으로 사용되었다. 두 번째 종류는 운이 좌우하는 알레아(Alea)다. 주사위나 카드를 통해 승부가 결정되는 우연게임을 일컫는다. 인간의 힘으로 통제가 불가능했던 날씨나 천재지변을 예측할 때 주로 사용했다. 세 번째는 연극과 같은 재현놀이인 미미크리(Mimicry)다. 모방하는 소꿉놀이를 통해 부모역할 기술을 연습하고 생존능력도 기를 수 있었다. 네 번째는 그네타기, 회전목마처럼 아찔함을 즐기는 일링크스(Ilinx)다. 놀이의 주된 기능을 카타르시스로 파악한 프로이트에 따르면 인간은 이런 도전적인 놀이를 즐기면서 스트레스를 해소했다. [37)

놀이의 순기능을 학문적인 측면에서 파악한 학자도 있다. 스위스 심리학자 장 피아제(Jean Piaget)는 놀이가 아동 발달을 촉진한다고 주장했다. 피아제는 발달의 기본 메커니즘을 인간과 환경의 상호작용으로 보고 있다. 상호작용의 결과 인지구조에 의해 환경 의미가 변화되는 경우를 동화라고 한다. 환경에 맞춰 인지구조를 변화시키는 경우는 조절이라고 한다. 아이들은 놀이를 통해 동화와 조절을 반복하면서 성장한다. 예를 들어 아이가 베개로 말타기 놀이를 할 때 베개라는 환경은 아이 상상력에 의해 말로 의미가 변화되는 동화 과정을 거친다. 거꾸로 아이가 말 울음소리나 모양을 흉내 낼 때는 말에 맞춰 인지구조를 조절한다. 이렇게 동화와 조절을 반복하면서 아이의 뇌는 정교하게 발전한다. [38) 러시아 심리학자 레프 비고츠키(Lev Vygotsky)도 상호작용인 놀이를 통해 추상적 사고능력이 생긴다고 주장했다. 아이들은 놀면서 추상적 개념과 실재적 사물간의 관계와 의미를 깨닫게 된다.

놀이는 '비실재성, 내적동기, 과정지향, 자유—선택, 즐거움'이라는 다섯 가지 특징을 지닌다. 먼저 놀이는 일상 경험과 구별된다. 놀이 중에 등장하는 사물이 새로운 의미를 지니게 되기 때문이다. 이런 비실재적 경험은 사물이 속해 있는 시공간적 경계를 넓힌다. 다음으로 놀이는 자신의 의지를 바탕으로 한다. 외적 보상이 없더라도 자신의 만족을 위해 논다. 재미가 대표적인 내적 보상의 예다. 세 번째 특징은 승리라는 결과보다 놀이라는 과정 그 자체를 즐긴다는 것이다. 네 번째 특징은 놀이는 스스로 선택해야 한다는 것이다. 아무리 재미있는 것도 외부 강요로 하게 되면 놀이의 본질을 잃기 십상이다. 취미로 시작했지만 직업이 되면 경제적인 이윤 등 여러 조건을 고려해야 하기 때문에 예전만큼 즐기기가 쉽지 않다. 놀이의 마지막 특징은 놀면 즐겁다는 것이다. 즐겁지 않으면 놀이가 아니다. 두렵더라도 난관을 극복하는 과정에서 즐거움을 느낀다면 얼마든지 놀이가 될 수 있다. [39)]

문제해결력과 협력, 공감은 이 시대 인재가 갖춰야 할 필수덕목이다. 이런 능력은 놀면서 키울 수 있다. 놀다가 낯선 상황에 직면하면 우리는 고민한다. 문제를 해결하기 위해 궁리한다. 놀면서 서로 양보하고 힘을 모으는 법을 배운다. 함께 노는 다른 이의 감정을 헤아리는 연습을 한다. 놀이는 우리를 사려 깊은 이로 거듭나게 한다. 놀이를 통해 사는 데 필요한 다양한 기술을 익혀 사회적응력을 높일 수 있다.

아이는 놀면서 자신의 한계에 도전하는 연습을 한다. 공부를 잘하는 사람은 마치 노는 것처럼 공부하면서 자신의 지적 한계에 도전하는 것을 즐긴다. 공부를 즐거워하는 이에게 공부는 더 이상 지겨운 '일'이 아니다.

공부는 나를 더 잘 이해하고 내가 살고 있는 이 세상을 선명하게 바라볼 수 있게 도와주는 도구다. 일을 놀듯이 하는 일의 프로처럼, 공부 프로는 공부를 취미생활처럼 한다. 이 경지에 이르면 해야만 하는 공부를 규정해놓은 제도권의 속박에서 자유로워질 수 있다. 제도권의 책무와 나의 공부 우선순위 사이에서 더 이상 타협할 필요가 없다.[40] 내가 알고 싶은 분야, 내가 진지하게 탐구하고 싶은 지점을 자유롭게 유영하면서 지적 호기심을 채운다. 공부 프로는 지금 하는 공부가 언젠가 내 삶을 관통하는 중요한 핵심 연결점이 된다는 것을 알기 때문이다.

놀이는 학습의 적이 아니라 파트너다. 공부할 내용이 실생활과 괴리되어 있으면 당연히 재미가 없다. 나를 공부 안 등장인물로 변신시켜보자. 공부가 놀이 콘텐츠로 변모하는 순간 공부가 예전만큼 힘들지 않게 된다. 내가 학창시절에 가장 어려워했던 과목 중 하나는 역사였다. 아무런 배경 지식 없이 연대기별로 무수히 많은 사건과 등장인물을 암기하는 것은 지루하고 힘들었다. 그런데 지금은 역사가 예전만큼 싫지 않다. 궁금한 분야를 공부할 때 역사 속 위인들 사이에 내 역할도 하나 슬쩍 집어넣기 때문이다. 이쯤 되면 역사교과서는 더 이상 평범한 2차원 평면이 아니다. 마치 홀로그램처럼 3차원 공간 속에서 재현된다. 자녀들까지 동원하면 박진감 넘치는 스펙터클한 영화 한 편 찍는 것도 문제없다. 영혼 없이 달달 외우는 것보다 시간은 곱절로 들지만 길게 보면 이익이다. 강렬한 인상으로 각인된 역사사건은 장기기억에 저장되어 필요할 때 쉽게 인출된다.

공부의 끝판 왕이었던 칼 비테 주니어는 생업을 포기하고 아들 교육에 전념한 아버지 덕분에 탄생했다. 아버지 칼 비테는 공부할 때마다 어려운 문제를 재미있는 놀이처럼 만들어서 아들이 먼저 흥미를 갖게 했다. 칼 비테 주니어는 매일 즐거운 마음으로 아버지와 함께 놀았을 뿐인데 어느 순간 많은 양의 책을 읽고 수많은 지식을 얻게 되었다고 회고했다. [41] 한국판 칼 비테라 할 수 있는 슈퍼 대디 이상화도 '모든 공부를 놀이처럼 하게 하는 것'을 무척이나 강조한다. 그는 아이들에게 놀듯이 공부하는 환경을 만들어주기 위해 150가지 놀이를 익히고 만들었다. [42]

미국놀이연구소를 설립한 미국 최고 놀이행동 전문가인 스튜어트 브라운(Stuart Brown)은 놀이가 주는 가장 큰 혜택으로 우리가 더 똑똑해진다는 점을 들었다. [43] 그는 뇌가 폭발성장을 거두는 기간인 청소년기에 놀이가 주는 수혜를 마음껏 즐겨야 한다고 주장한다. 우리 뇌는 약 1,000개에서 1만개에 달하는 신경세포가 네트워크를 구축하고 있다. [44] 신경세포인 뉴런은 아무런 자극이 없는 상태에서는 일하지 않는다. 신경세포의 축삭돌기에서 나온 전기 자극이 이웃 신경세포의 수상돌기로 전달되어야 정보가 전달된다. 이렇게 돌기들이 만나는 부분을 시냅스라고 한다. 신경전달물질은 이 시냅스와 시냅스 사이의 200억분의 1m 틈 사이를 오간다.

축삭돌기는 절연막인 몇 겹의 미엘린 수초로 쌓여 있는 경우가 있다. 이 미엘린 수초가 존재할수록 전기신호가 덜 누전되어 더 효율적으로 자극이 전달된다. [45] 놀듯이 공부하면서 즐거운 감정을 쌓다보면 '공부는 즐거운 것'이라고 인식하는 미엘린 수초 겹이 더 늘어난다. 공부한 것을 더 효율적으로 기억할 수 있게 된다.

동일한 자극을 계속 주면 관련된 시냅스가 강화된다. 신경세포는 이미 경험했던 자극을 기억하고 그 자극이 먼저 전달될 수 있도록 우선권을 준다. 노는 것처럼 즐겁게 공부하는 자극을 반복적으로 주면 '공부는 노는 것'이라고 인식된 시냅스가 강화된다. 억지로 공부할 때보다 더 빠르게 뇌에 각인된다. 신경전달물질이 뉴런 사이를 빠른 속도로 이동하면서 신경세포를 활성화시키기 때문이다. 뇌의 신경망사회에서 공부한 내용이 신속하게 회로를 이동해 장단기 기억장소로 안전하게 저장될 수 있는 비법이다.

공부한다는 것은 활성화되지 않은 신경세포 간에 새로운 연결망을 만들고 이전에는 닿지 않았던 뇌세포까지 혈액과 영양을 공급해준다는 의미다. 아직 뇌가 충분히 발달하지 않은 아이는 놀이를 접목한 공부를 통해 뇌를 계속 발달시킬 수 있다. 어른도 마찬가지다. 나이가 들수록 뇌의 질량은 감소한다. 신경세포의 수상돌기가 마모되고 축삭돌기도 위축되기 때문이다. 그래서 40대에는 20대의 65% 정도 기억력을 보유하고 50대 이후에는 20대의 절반 이하로 기억력이 감소한다. 이런 까닭에 어른도 노는 듯이 진지하지만 즐거운 마음으로 공부해야 한다.

　유념할 사항이 있다. 즐겁게 공부하는 것의 효과를 지금 바로 거두고 싶은 조바심을 잠시 접어둬야 한다. 시냅스 회로가 활동하기 위해서는 신호전달에 필요한 특수한 단백질이 시냅스로 이동해야 한다. 이 단백질은 시냅스를 더 크게 만들어준다. 그런데 이 단백질이 만들어지는 데 일정한 시간이 걸린다. [46] 즐겁게 공부하는 것이 습관으로 자리 잡을 때까지 기다려줘야 하는 이유다.

　놀이가 뇌에 미치는 긍정적인 영향과 중요성을 일찌감치 깨달은 교육 강국 핀란드는 교육에 놀이를 적극적으로 활용한다. 핀란드 교사는 스스로 배우는 힘의 원동력이 놀이라고 믿는다. 핀란드는 수준 높은 교사양성 과정을 운영하는 것으로도 명성이 높다. 핀란드 예비교사의 교육과정에는 아이가 노는 모습을 지켜보고 놀이 특성을 이해하는 것도 포함되어 있다. 선생님이 학생을 '가르치기' 위해 놀이를 '배우는' 것이다. 핀란드에서 모든 배움은 놀이에서 시작한다. 놀다 보면 호기심이 생겨서 몰입하게 되고 이렇게 기른 집중력은 평생 자기 주도적 배움을 이끌어가는 원천이 된다. [47]

　가천대 뇌과학연구소에서 놀이와 학습이 학생에게 어떤 영향을 미치는지 뇌파측정을 통해 밝혀냈다. 뇌파에는 알파파와 베타파가 있다. 알파파는 사물이나 상황을 전체적으로 조망할 수 있는 통찰력이나 창의력을 발휘할 때 발산된다. 뇌가 균형적으로 잘 발달하기 위해서는 알파파가 지속적으로 나오는 것이 중요하다. 뇌가 통합적으로 사용되지 못할 때 발산되는 베타파는 뇌의 효율성과 기능을 저해한다. 30분 동안 자유롭게 놀게 하고 30분 동안 수학문제를 풀게 한 후에 뇌파를 측정했다. 놀게 한 경우에 공부를 강요했을 때보다 알파파가 400% 이상 더 나왔다. 억지로 공부를 시켰을 때는 놀 때보다 베타파가 130% 이상 나왔다.[48] 이 실험은 뇌의 균형 있는 발달을 위해서는 놀듯이 즐거운 상황 속에서 학습을 하는 것이 중요하다는 것을 보여준다.

놀이는 창의성의 원천이다. 글자를 모르는 어린이도 코딩이 가능하도록 스크래치 프로그램을 만든 미첼 레스닉(Mitchel Resnick)은 창의적 학습 요소의 하나로 놀이를 들고 있다. 레스닉은 일방적인 암기가 아니라 친구와 함께 열정적으로 노는 프로젝트형 교육을 강조한다. 동료(peers), 열정(passion), 놀이(play), 프로젝트(project)가 그의 교육철학이다. 레스닉은 어른도 유치원에 다니듯이 즐거운 마음으로 평생 배움에 임해야 한다고 강조한다. 공부와 놀이가 분리되지 않고 놀듯이 감성적으로 학습할 때 창의적이 되기 때문이다.[49]

일을 싫어하며 억지로 하면 결코 창의적인 인재가 될 수 없다. 놀이는 창의성에 이르는 징검다리가 된다. 놀듯이 가벼운 마음으로 동료와 함께 열정적으로 일하면 새로운 아이디어도 샘솟는다. 서로 배우는 과정을 통해 성장한다. 놀이는 낯선 것에 대한 반감을 줄이고 즐겁게 도전하도록 해준다. 우리는 놀 때 위험을 감수하면서 새로운 것을 기꺼이 시도해본다. 놀면서 상상력을 발휘한다. 노는 과정을 통해 뇌에 새로운 인지회로가 만들어진다. 새롭게 생긴 회로는 또 다른 놀이를 통해 활성화되고 효율적으로 재구조화된다. 16차선 도로처럼 넓고 튼튼한 뇌 회로를 갖게 된다. 뻥뻥 뚫린 뇌의 신경회로 안에서 지식과 정보는 아우토반 질주가 가능하다.

7. 일을 즐겨야 1% 인재가 된다

위대한 업적을 남긴 이들은 일을 억지로 꾸역꾸역 하지 않았다. 마지 못해 하는 태도로는 위대한 일을 시작할 수조차 없다. 성공하기 위해서 는 일이 '해야만 하는' 것이 아니라 '하고 싶은' 것이어야 한다. 일을 돈 벌 기 위한 수단으로만 생각하지 않고 일 자체를 즐겨야 한다.

건강식품 판매회사 긴자 마루칸 창업자인 사이토 히토리는 일본에서 세금을 제일 많이 낸다. 그는 웃는 얼굴을 유지하면 모든 것이 순조롭게 흘러간다고 이야기한다. 사람은 동시에 두 가지 생각을 할 수 없기 때문 이다. 아무리 멀티 플레이어라도 웃으면서 동시에 부정적인 생각을 할 수 없다. 사이토 히토리의 일의 철학은 일을 놀이라고 생각하는 것이다. 이런 마음가짐을 가지면 일을 하다 문제가 발생해도 화를 낼 필요가 없 다. 어차피 일은 놀이에 불과하고 일은 잘 풀리게 되어 있기 때문이다. 그는 눈과 눈 사이 미간에 '제3의 눈'인 마음의 눈이 있다고 믿는다. 미 간을 자주 찌푸리면 좌우에서 몰려든 얼굴 주름으로 제3의 눈이 닫혀버

린다. 웃으면 제3의 눈이 활짝 열리고 입술 양끝이 올라가 운이 좋아진다. [50]

우리는 이렇게 일을 즐겁게 해내는 이들을 '프로'라고 부른다. [51] 프로가 되기 위해서는 무엇보다 좋아하는 일을 직업으로 삼는 게 중요하다. 물론 그 일을 남들만큼은 잘할 수 있어야 한다. 우리는 일을 스스로 정할 때 더 큰 자유와 즐거움을 느낀다. 이를 '지각된 자유감'(perceived freedom)이라고 한다. 일을 하는 과정 중에 자유로운 선택을 많이 하게 되면 지각된 자유감이 높아진다. 지각된 자유감은 일의 성과와 능률에 비례한다. [52]

여기에 우리 모두 일에서 프로가 될 수 있는 비결이 숨어 있다. "나는 스스로 선택한 일을 즐긴다."라고 주문을 걸어보자. 부모에게 일의 종류는 다양할 수 있다. 직장을 다니는 부모에게는 조직에서 주어진 과업이, 살림과 양육을 전담하는 부모에게는 가사와 자녀 돌봄이 주된 일일 수 있다. 맡겨진 여러 일에 대해 주인의식을 갖고 즐겁게 임해보자. 마음먹기 나름이다. 자율의지로 일을 선택했다는 메시지를 되뇌는 순간부터 모든 일은 의미 있어진다. 일이 지겨운 의무가 아니라 나를 폭풍 성장시킬 수 있는 계기가 된다. 어느 정도 경지에 오르면 일하는 것이 노는 것처럼 즐겁기까지 하다.

위대한 업적을 이룬 많은 이들이 실제로 일을 놀이처럼 즐겼다. 세상 진지하기만 할 것 같은 과학자도 세기의 지성인도 예외가 아니다. 과학자에게는 새로운 진리를 발견한다는 사실보다 자신이 재미있다고 여기는지가 탐구욕을 더 자극했다. SF계 거장 아이작 아시모프(Isaac Asimov)는 진리를 찾아낸다는 유레카보다 자신이 흥미롭다고 여기는 일에 더 몰두했다. 노벨물리학상 수상자 리처드 파인만(Richard Feynman)도 핵물리학의 진보보다는 자신이 재미를 느끼는지가 연구주제 선택에서 더 중요하다고 했다. 어려워 보이는 과학도 흥미의 산물이었던 것이다. [53)]

놀이 세계에서는 승패가 명확하지 않은 경우가 많다. 놀 때는 기필코 승리를 거두겠다는 마음보다는 즐겁게 시간을 보내고 싶다는 마음이 더 크기 때문이다. 일을 놀이처럼 여기면 일을 하다 큰 역경을 겪어도 놀이에서 한 번 진 것처럼 대수롭지 않게 생각하게 된다. 대표적인 인물로 에디슨이 있다. 에디슨의 실험실에서 화약약품이 잘못 섞여 큰 불이 났다. 아버지가 못 빠져나왔을까 봐 전전긍긍하던 아들에게 천신만고 끝에 나온 에디슨의 첫 문장은 의외였다. "엄마를 모셔 와라. 작은 마을에서 살아 이렇게 큰 불은 구경한 적이 없다." 모든 것이 다 타버린 후에 에디슨은 입을 다시 열었다. "트랙터를 갖고 있는 사람을 아니?" 이유를 묻는 아들에게 "이제 우리 실험실을 다시 지을 때가 되었잖니? 어서 다시 시작하자!"였다. [54)] 이 정도 멘탈 갑을 갖춘다면 아무리 세상이 급변해도 성공하지 않는 게 이상할 정도다.

사실 놀이를 할 때도 얼마간 불편함과 아픔이 있다. 놀이에 전념하는 순간에는 안타까운 감정도 수반된다. 일할 때 느낌과 유사하다. 희열과 고통을 동시에 느끼지만 놀 때는 신체와 두뇌가 긍정적으로 작동한다. 하지만 싫은 일을 억지로 할 때는 모든 것이 부정적으로 설계된다. 이 단순한 원리를 곰곰이 따져보면 우리가 일과 놀이를 인위적으로 분리하는 게 결코 현명하지 않다는 것을 알 수 있다. 일할 때 놀이 마인드를 접목하자. '이것은 일, 이것은 놀이'라고 명확하게 경계를 긋기보다 일할 때 놀이의 요소를 많이 집어넣는 것이 현명하다. 삶의 모든 요소는 마음먹기에 따라 얼마든지 놀이로 변할 수 있으니 말이다. [55]

노는 것은 신체를 움직이는 것에 국한되지 않는다. 언어를 활용한 놀이도 얼마든지 가능하다. 위트와 재치는 일을 놀이처럼 유쾌하게 처리하는 이들이 강조하는 덕목이다. 실제로 많은 기업이 유머를 핵심 경영요소로 포함한다. 재미있게 살고 유쾌함을 즐길 줄 아는 인재를 등용하려고 노력한다. 성과의 부침이 유독 심한 항공업계에서 설립 후 46년간 흑자퍼레이드를 이어가는 사우스웨스트 항공사가 대표적이다. 2019년 초에 사망한 허브 켈러허(Herb Kelleher) 전 회장이 일관되게 적용했던 경영 원칙은 "일하듯이 놀고 놀듯이 일하라."였다. [56]

그의 신념을 대변해주는 에피소드가 있다. 회사 로고문제로 사우스웨스트사와 경쟁업체 간에 분쟁이 발생했다. 이 문제를 해결하기 위해 켈러허가 선택한 것은 지난한 소송 전이 아니었다. 대신 그는 경쟁사 CEO에게 뜬금없이 팔씨름으로 승부를 가르자고 제안했다. 1,800명 직원이 열띤 응원전을 펼쳤지만 켈러허는 10초 만에 졌다. 감기에 걸렸는데 손목을 다쳤다는 재치 있는 유머로 상황을 마무리한 그에게 당시 부시대통령은 국민을 즐겁게 해줘서 고맙다는 감사편지를 보냈다. 켈러허에게는 이기고 지는 것이 중요하지 않았다. 그는 인간미와 위트 넘치는 삶의 철학을 회사 동료와 경쟁사에게 전파하고 싶었다. 그의 전략은 성공적이었다. 이 희대의 사건으로 돈 한 푼 안들이고 막대한 광고효과를 얻게 된 경쟁사는 그에게 로고를 사용해도 된다고 허락했으니 말이다. [57)]

유쾌한 승부사 켈러허는 유머감각이 있는 신입사원을 채용하는 것으로도 유명하다. 능력은 훈련과 교육을 통해 키울 수 있는데 반해 기질은 쉽사리 바뀌지 않는다고 믿기 때문이란다. 사우스웨스트사 승무원의 기지 넘치는 기내방송 멘트를 듣다보면 승객 웃음소리가 끊이지 않는다. 비상구 위치도 평범하게 손가락으로 가리키지 않는다. "비행 중 갑자기 화가 나서 집에 가서 장난감을 가져오실 분은 출구가 여덟 군데 있으니 잘 알아두세요."라는 잊기 힘든 메시지를 담아 위치를 안내한다. 휴지를 버리지 말라는 메시지는 행운추첨권이라는 단어로 전달한다. 저가항공사에서 무료로 추첨권을 나눠준다는 사실이 놀라웠는데 그들이 제공하는 것은 다름 아닌 앞 승객이 놓고 간 '더러운 기저귀, 바나나 껍질, 껌 종이'다. 금지 메시지를 딱딱하게 전하기보다 가볍게 에둘러 전달해 별다른 저항감 없이 받아들이도록 한다. [58)]

켈러허는 유머가 조직의 딱딱한 위계구조를 허물고 서로 여유로운 마음으로 대할 수 있도록 한다고 말했다. 유머는 조직이 조화롭고 원만하게 운영되도록 돕는다. 켈러허는 기업에게 고객이 가장 중요하다는 원칙을 단호하게 깨버린 지도자로도 유명하다. 직원이 일을 즐길 수 있도록 예의와 품격을 지키지 않는 고객과는 과감하게 결별했다. 기업에 절대적인 믿음으로 자리 잡은 '고객은 언제나 옳다.'라는 문장은 사우스웨스트 항공사에서는 찾아볼 수 없다. 기내에서 지켜야 하는 기본 원칙인 금주를 지키지 않으면 평생 회원자격을 박탈한다. 정당한 이유 없이 직원을 괴롭히는 고객은 더 이상 너그럽게 받아들이지 않는다. 불량 고객이 아무리 거칠게 항의해도 꿋꿋하게 대응한다. 직원의 행복이 최우선 가치이기 때문이다. 이런 원칙을 지녔기에 항공업계 최초로 모든 직원에게 회사 주식을 나눠줬다는 소식도 놀랍지 않다. 5년마다 주가가 2~3배로 뛰었기 때문에 직원들에게 매우 큰 인센티브가 되었다. 따뜻한 존중과 파격적인 지원 덕분에 사우스웨스트사 직원은 자신이 조직을 이끌어나가는 실제 주인이라고 생각한다. 이 모든 것이 유머를 통해 이룬 쾌거다. [59]

세상의 고뇌를 다 짊어진 것 같은 표정으로 일할 필요가 없다. 우울하고 긴장한 상태에서 일의 능률이 오를 리가 만무하다. 무엇보다도 행복하지 않다. 진지하게 산다고 인생이 술술 풀리지도 않는다. 닥치지도 않은 일을 걱정하며 온갖 비관시나리오에 매몰되어 귀한 인생을 낭비하는 강박증 환자가 되지 말자. 물론 즐겁게 산다고 고난을 피할 수는 없다. 하지만 유쾌한 태도는 역경을 헤쳐 나갈 힘을 준다. 고난을 너무 심각하지 않게 받아들이는 넉넉함을 갖추자. 놀듯이 일하는 것에 죄책감을 갖지 말자. 내가 재미있게 살아야 주변에 있는 이도 행복해진다.

지금은 일을 즐겁게 하는 프로만이 남다른 인재 1%로 우뚝 설 수 있는 시대다. 우리 곁에 이미 와 있는 미래 사회에서 살아남기 위해서는 제대로 '놀 줄 알아야' 한다. 놀이는 단순히 남는 시간을 '죽이기' 위한 잉여활동이 아니라 내가 '살기' 위해 꼭 필요한 핵심 기술이다.

놀이인의 통찰 : 놀이로 구축된 인류 문명사

네덜란드 역사학자 요한 하위징아(Johan Huizinga)는 인간을 '놀이하는 존재'인 호모 루덴스(homo ludens)라고 정의했다. 그동안 놀이는 인류 역사 속에서 부차적인 것으로 여겨졌는데, 그는 과감하게 놀이를 문명의 주인 공으로 등극시켰다. 인류문명이 놀이 속에서(in play) 놀이로서(as play) 만 들어졌고 진화를 거듭해왔다고 주장했다. 심오한 의미와 깊이를 지닌 문 화적인 현상으로서 놀이의 발자취를 더듬었다.

그의 말에 따르면 놀이는 일상적인 일과 구별되며 놀이에 참여하는 이 를 전념하게 만든다. 놀이를 하는 순간에는 진지해지기도 하지만 결과나 성패에 과도하게 집착할 정도는 아니다. 놀이인은 경제적인 이익을 추구 하지 않는다. 육체적 · 정신적 기쁨을 추구하는 것 외에는 목적이 없다. 놀이는 결코 예술문화보다 저급하지 않다. 놀이는 문화에 종속되어 문화 에서 뻗어 나온 갈래가 아니다. 오히려 음악, 미술, 스포츠, 문학이 놀이 에서 파생된 창조적인 결과물이다.[60]

놀이가 진지하지 않을 거라는 선입관이 있다. 하지만 승부를 겨루는 체스, 바둑, 스포츠경기 같은 놀이는 진지한 가운데 전개된다. 엄격한 규칙을 따르는 것도 일반적이다. 피상적으로 보면 일과 다를 바가 없어 보인다. 그럼에도 왜 놀이는 일이 주지 못하는 환희를 안겨주는 것일까? 놀이가 무미건조한 일상생활에 지친 우리에게 일탈의 기쁨을 주기 때문이다. 시공간의 제약에서 완전히 자유로워질 수는 없지만 노는 순간에는 밋밋한 하루가 잠시나마 일시정지 상태가 된다.

놀이에는 긴장과 불확실성이라는 속성이 있다. 제대로 놀기 위해서는 지식이나 기량과 더불어 용기와 힘이 필요하다. 놀이의 규칙이 복잡할수록 놀이 참여자뿐 아니라 관람객의 긴장도와 몰입도가 높아지기 때문이다. 놀이 규칙은 놀이에 일정한 질서와 생명을 부여한다. 엄격한 놀이 규칙을 지켜가며 인류는 지적 · 신체적 · 정신적 · 미학적 가치를 함양할 수 있었다. 같은 몸놀림이지만 일정한 규칙과 공정한 원칙이 있는 레슬링과 무대포식 몸싸움은 구별된다. 원시적인 싸움에서 비롯되었지만 레슬링은 다양한 기술을 통해 분화되었다. 시대와 대륙을 넘나들며 보편화되었고 지금은 종합격투기의 주요 항목으로 자리매김 중이다.

하위징아의 모국 네델란드에는 "중요한 건 승부가 아니라 게임이다."라는 속담이 있다. 이 속담은 놀이의 무목적성을 잘 보여준다. 놀이에는 '노는 것' 외에는 어떤 목적도 없다는 것, 즉 실용성 결여가 놀이의 중요한 특징이다. 놀이에서 결과는 중요하지 않다. 놀이에 참여하는 과정 자체가 중요하다. 놀이 결과로 초래되는 승부는 부차적인 것에 불과하다. 물론 우승자는 영광스러운 결실을 맛볼 수 있다. 군중은 게임의 규칙을 준수하며 정정당당한 승리를 거둔 우승자를 기꺼이 존경한다. 우승자가 품고 있는 고귀한 정신과 역동적인 에너지를 흠모한다. 그러나 타인의 인정을 받기 위해 승부만을 염두에 둔다면 더 이상 놀이가 될 수 없다. [61]

　문화는 놀이와 쌍둥이처럼 발전해왔다. 문화는 놀이 형태로 시작되었고 사회는 놀이라는 프레임을 통해 세상을 해석해왔다. 문화가 진보와 퇴보라는 등락의 길을 걷는 동안 놀이도 민담이나 철학과 같은 다양한 형태로 인류사에 등장했다. 때로는 문명의 중심에 자리 잡기도 하고 때로는 가장자리에 머물렀다. 놀이는 공동체를 전제로 한다. 홀로 하는 놀이도 가능하지만 하위징아가 분석하는 놀이는 문화의 등고선과 함께한다. 그가 바라보는 호모 루덴스는 그룹 안에서 존재하기에 놀이는 두 명 이상이 모여야 가능해진다.

　그리스에는 '놀이'를 의미하는 단어로 아곤(Agon)과 파이디아(Paidia)가 있다. 아곤은 고대 그리스인의 경쟁적인 경기를 일컫는 말이다. 광장이나 시장을 의미하는 아고라(agora)가 여기서 유래했다. 둘 이상의 상대가 대치하며 겨루는 아곤과 달리 파이디아는 어린이의 유치한 놀이를 의미한다. 파이디아가 진지함이라는 속성을 띠는 놀이를 아우르기에는 부족

하다고 여긴 하위징아는 아곤이라는 분석틀로 문명사 안에 내재된 놀이의 흔적을 찾았다. [62)]

하위징아는 국제법의 연혁을 아곤에서 찾았다. 아곤 덕분에 인류는 명예나 규칙에 어긋나는 것을 가려낼 수 있었다. 아곤을 통해 쌓은 분별력을 바탕으로 문명사회는 반사회적인 일탈행위를 지양하게 되었다. 하위징아는 이런 양심의 목소리가 모여 규범의 형태로 공인된 것이 국제법이라고 주장했다. 그는 국제관계가 정의와 평등이라는 원칙에 따라 운영된다면 더 이상 아곤이라는 형태가 필요하지 않을 거라고 전망했다. [63)] 놀이는 가치중립적이다. 놀이는 도덕의 바깥에 위치하기 때문에 놀이 그 자체는 절대적인 선이나 악이라고 할 수 없다. [64)] 도덕적 준거에 따라 합의된 방향으로 움직이는 국제사회는 이미 가치를 내포하게 되므로 순수한 놀이 형태를 벗어나게 된다.

문학도 놀이에서 탄생했다. 특히 하위징아는 시를 '말로 하는 놀이'라고 했다. 놀이는 시공간의 제약 아래 일정한 규칙을 갖되 실용적인 목적을 염두에 두지 않고 진행된다. 시는 이런 놀이의 특징을 모두 갖고 있다. 일정한 시공간 속에서 존재와 생각을 잇는 것이 시다. 시에는 두운, 각운을 비롯해 언어를 대칭적으로 배열하는 규칙이 있다. 전문시인이 아닌데 실용적인 이익을 얻으려고 시를 짓는 이는 많지 않다. 언어를 예술적으로 재배치하면서 모티브를 전개하고 시상을 발전시키는 것이 시 창작의 궁극적인 목적이기 때문이다. [65)]

공동체를 전제로 하는 놀이처럼 시도 두 사람 이상이 모여 주고받을 수 있다. 일본에는 '세상에서 가장 짧은 시'인 세 줄짜리 하이쿠가 있다. 하이쿠는 한 사람이 시를 지으면 다른 사람이 응수해 시를 짓는 것이다. 당대 최고 문사들의 지적 놀이로 일컬어졌던 하이쿠는 사실 동양 문화권에서 그리 낯설지 않다. 주고받기 식의 시 모습은 한자문화권 내에서 필담이라는 형태로 자주 등장하기 때문이다. 자칭 세계의 중심이라 여겼던 중국 황제와 고위관료는 동아시아 국가에서 찾아오는 사절단의 능력을 시험하기 위해 즉흥시를 쓰게 했다. 사절단은 자신의 성찰과 지혜를 농축시킨 시를 통해 그 시험대를 통과하고자 노력했다.[66]

하위징아에 따르면 철학도 지혜를 둘러싼 언어유희 놀이에서 비롯되었다. 개인 맞춤형 논변술을 전수해주던 소피스트는 지금 시각에서 본다면 고액 스피치 강사와 같다. 2,500년 전 소피스트가 활동할 때 그들의 촌철살인 한마디에 관중은 열광하고 박수갈채를 보냈다. 오늘날 연예인에 맞먹는 인기를 누렸다. 그들에게 있어 철학이란 고뇌의 산물이라기보다 순수한 놀이에 가까웠다. 그리스인이 말로 했던 보드게임이라 할 수 있는 아포리아(aporia)는 해결하기 어려운 난관상황이나 난제를 일컫는 철학 용어다. 그리스인은 대답하기 어려운 질문과 지혜로운 대답을 주고받으며 아포리아라는 말놀이를 했다. 소피스트는 아포리아를 놀이처럼 하면서 철학의 깊이를 다졌다.[67]

부모 혁명

말놀이를 통해 깊어진 철학 내공은 중세시대 스콜라 철학으로 그 명맥이 이어졌다. 중세시대 대학은 스콜라 철학자들의 말 논쟁으로 시끄럽기 그지없었다. 실재론과 명목론의 대립이 오랫동안 지속되었기 때문이다. 나무라는 일반명사가 소나무라는 고유명사보다 우월하고 보편적으로 존재한다는 것이 실재론이다. 반대로 고유명사가 빠진 일반명사는 실체가 없는 허상일 뿐이라는 주장이 명목론이다. 이 두 그룹은 상대방을 제압하기 위해 자신들의 개념과 논리를 더욱 정교화했다. 한편 상대 진영 논점의 취약점을 찾아내기 위해 동분서주했다. [68] 호모 루덴스는 이처럼 그저 아무 생각 없이 놀고먹는 무위도식자가 아니다. 진정한 놀이인은 지적 논쟁을 불사하는 불굴의 의지를 지녔다.

음악도 놀이에서 유래한다고 하위징아는 주장했다. 음악은 한때 자연의 소리를 모방한 것에 불과하다고 폄하되기도 했다. 하지만 음악가들의 끊임없는 노력 덕에 음악은 놀이 너머 예술의 형태로 인정받게 되었다. 음악가는 대위법을 통해 각 음의 수평적인 조화를 도모하고 화성학을 통해 여러 음의 수직적인 화합을 연구했다. 또한 음악적 아름다움을 보여주기 위해 치열하게 연습했다. 음악가의 헌신 덕에 음악을 들으면 기분이 전환되고 고양된 정신 상태에 이르게 된 것이다.

하위징아는 놀이의 진공상태에서 진정한 문명이 존재할 수 없다고 단언했다. 인류가 다양한 형태로 시공간 제약을 극복해온 과정의 산물이 문명이다. 인간은 자신이 처한 한계상황을 잊지 않되, 규칙을 지키며 정정당당하게 경기를 펼쳤다. 놀이처럼 진행된 페어플레이 덕분에 우리는 품격 높은 문명을 조성할 수 있었다.

　놀이가 불필요한 것이었다면 인류의 진화 과정 중에서 자연 도태되었을 것이다. 놀이는 인류문명 발전사와 운명을 함께해왔다. 인간은 놀이를 통해 공동체 내 유대감을 다졌다. 잉여에너지를 분출했다. 미래를 대비한 훈련을 했다. 가능성에 도전하며 잠재력을 높였다. 생존을 위한 기량을 쌓기 위해 일사 분란한 훈련 대신에 인류는 놀이를 선택했다.[69] 이런 지혜로운 인류사를 이어 우리는 미래에 필요한 역량도 놀이를 통해 쌓아야 한다.

놀이인의 배움 비법: 움직여라

호모 루덴스가 공부하고 일할 때 곁들이는 습관 중 하나는 운동이다. 운동은 온 가족이 즐겁게 놀 수 있는 방법이다. 더 좋은 것은 운동이 공부와 업무효율을 높인다는 점이다. 운동을 하면 뇌 발달을 촉진하는 호르몬이 분비되고 기억과 학습을 관장하는 해마가 건강해진다. 저명한 뇌과학자 뉴욕대학교 웬디 스즈키(Wendy Suzuki) 교수는 운동을 통해 뇌 역량이 얼마나 향상되는지를 자신이 직접 경험한 바를 바탕으로 알려준다.

스즈키 교수는 어느 날 운동을 한 후에 평소에는 떠오르지 않던 아이디어가 샘솟아 연구제안서를 성공적으로 쓰게 된다. 운동 후에 연구 효율이 높아지는 경험을 반복적으로 하게 된 그녀는 아예 연구 분야를 운동이 뇌에 미치는 영향으로 바꾼다. 수많은 연구 끝에 운동이 뇌 발달에 효과적이라는 일관된 실증결과를 얻게 된 스즈키 교수는 운동전도사로 변신했다. 운동 관련 여러 코치 자격증을 딸만큼 운동전문가로 거듭난 스즈키 교수가 권장하는 최소한의 운동량은 일주일에 세 번 땀이 날만큼 매회 20분 정도 운동하는 것이다. 이렇게 운동을 하고 나면 운동의 효과가 두 시간 동안 지속된다.[70] 머리를 써야 하는 일이 있다면 운동 직후 두 시간 안에 해보자.

이 방법을 알게 된 후 내게는 새로운 습관이 생겼다. 해결방안이 잘 떠오르지 않는 업무가 생기거나 암기하고 싶은 영어스피치가 있을 때 주저하지 않고 피트니스 센터로 발길을 돌린다. 20분 정도 근력운동과 인터벌 러닝을 하면서 집중해야 하는 문제를 계속 생각하거나 외국어 문장을 암기한다. 지난 1년간 꾸준히 실천한 결과 운동 직후 최상의 컨디션을 자랑하는 해마의 덕을 톡톡히 볼 수 있었다.

운동 후에는 기억력이 좋아지고 에너지가 샘솟아 일을 더 빠르고 쉽게 처리할 수 있다. 운동은 뇌를 위해 우리가 할 수 있는 가장 훌륭한 노력이며 효과적인 방법이다. 운동을 하면 각종 신경전달 물질이 분비되어 집중력이 높아진다. 운동 후에는 기분이 전환되어 학습에 긍정적인 태도를 갖게 된다.

하지만 안타깝게도 많은 한국 학생은 운동을 생활화하고 있지 않다. 2017년 OECD 통계에 따르면 숨이 가쁠 정도로 해야 하는 고강도 운동을 1주일에 단 한 번도 하지 않는다는 학생이 28%에 달했다. 한국은 일본에 이어 두 번째로 운동을 안 하는 나라였다.[71]

캐나다에서 체류할 때 운동이 캐나다인의 삶 깊숙이 자리 잡은 모습이 인상적이었다. 평일 이른 아침뿐 아니라 늦은 저녁이나 주말에도 조깅하는 사람을 자주 볼 수 있었다. 자전거를 타는 사람도 많았다. 캐나다는 세계에서 면적이 두 번째로 큰 나라인지라 이동의 편의를 위해 자전거를 꼭 배운다. 아이들은 태어나서 걷기 시작하면 자전거타기를 동시에 배웠다. 발이 땅에 닿는 자전거를 끌면서 걷기 연습을 하는 아이들을 만나는 건 어렵지 않았다. 초등학교에 입학하기도 전에 대부분의 아이는 자전거를 수준급으로 탔다.

아이스 링크장과 수영장은 늘 사람들로 붐볐다. 유모차를 끌면서 스케이트를 즐기거나 아직 걷는 것도 익숙하지 않아 보이는 어린아이에게 스케이트를 가르치는 부모가 제법 있었다. 타는 것보다 넘어지기 일쑤였던 꼬맹이들은 몇 달이 지나자 능숙하게 스케이트를 타게 됐고 아이스하키에도 도전했다. 수영장에서도 부모들은 태어난 지 몇 달 되지도 않은 갓난아이를 물 위에 동동 띄워가며 놀면서 수영을 가르쳤다.

부모와 함께 어릴 적부터 운동을 생활화한 아이들의 운동을 학교도 도왔다. 매일 의무적으로 배정된 야외활동시간이 있었다. 핀란드와 마찬가지로 캐나다도 비가 내려도 야외활동을 강행했다. 비가 오면 비옷을 입고 밖에서 신나게 뛰어놀았다. 아무리 추운 겨울도 예외는 없었다.

체육시간에 얌전히 앉아 있는 여자아이는 없었다. 기량이 차이나는 사춘기 이후가 되면 남학생과 여학생은 각자 팀을 이뤄 훈련했다. 캐나다에서 중학생이었던 큰딸은 방과 후나 주말에 친구와 모이면 주로 운동을 했다. 수영장과 스케이트장이 집 근처에 있어서 자주 찾았다. 농구 골대도 쉽게 찾아볼 수 있기 때문에 농구공을 들고 나가는 경우도 많았다. 덕분에 운동을 별로 즐기지 않았던 나도 아이들과 어울려 엉거주춤한 자세로 농구를 했다.

스포츠를 하는 여학생은 사회에서 지도자가 될 가능성이 높다. 한 연구에 따르면 94%의 여성 리더가 어릴 때 스포츠를 한 경험이 있다고 한다. 자신보다 신체적 조건이 뛰어난 남학생들과 같은 필드에서 겨뤄보는 경험이 자신감을 고취시키는 데 효과적이기 때문이다. [72]

갑자기 운동을 시작하는 게 부담스럽다면 일단 아이 손을 잡고 밖으로 나가 걸어보자. 걷기만 해도 공부하는 데 필요한 긍정의 호르몬 세로토닌이 분비된다. [73] 줄 없이 하는 기적의 줄넘기도 집에서 온 가족이 쉽게 할 수 있는 운동이다. 줄 없이 줄넘기 동작을 5분만 해도 뇌에 산소 공급이 원활해져서 기억력과 이해력이 높아진다. [74]

혹시 시간이 없다고 변명하고 싶은가? 버락 오바마(Barack Obama)는 대통령직을 수행할 때 규칙적으로 농구를 했다. 미셸 오바마(Michelle Obama)도 영부인 시절 매주 규칙적으로 운동을 하면서 웨이트 트레이닝과 줄넘기 운동 모습을 영상으로 남겼다. 인스턴트와 정크 푸드로 건강을 잃어가는 미국 소녀들에게 운동을 권하기 위해서다. 아무리 바빠도 세계 경제를 쥐락펴락하는 미국 대통령 부부만큼 바쁘지는 않을 것이다. 시간은 충분하다. 부족한 것은 의지다.

운동을 하면 뇌로 가는 혈액과 산소 공급이 늘어나서 뇌의 모세혈관이 확장돼 뇌세포도 늘어난다. 하지만 이렇게 새롭게 생긴 뇌세포를 그대로 두면 채 한 달을 버티지 못한다. 뇌세포가 살아남도록 끊임없이 자극해야 한다. 운동으로 뇌세포를 만들고 학습을 통해 세포가 지속적으로 생존할 수 있도록 하는 것이 호모 루덴스의 배움 비법이다. 미국의 당뇨 전문의인 조스린은 "운동은 하루를 짧게 하지만 인생을 길게 해준다."라고 했다. [75] 이제 우리도 운동을 통해 나와 내 자녀에게 짧은 하루, 긴 인생을 선사해보자.

숨이 다하는 순간을 기준점으로 시간 전망을 길게 한다면 삶을 유쾌하지 않게 보낼 이유가 없다. 놀이하는 인간, 호모 루덴스(homo ludens)는 고난이 불가피한 인생을 기쁨의 향연으로 변신시킨다.

II

언어인,
호모 로쿠엔스

Homo Loquens

읽고, 쓰고, 말하라

1. 말과 글로 나를 어필해야 하는 시대

"침묵은 금이다." "밥 먹을 때 말하면 복 달아난다." "빈 수레가 요란하다." 침묵을 지혜로운 사람의 덕목으로 간주해왔던 한국문화는 말 잘하는 사람을 견제해왔다. 예전에는 말을 잘하기 위해 노력할 필요가 없었다. 남에게 말로 지시를 할 정도의 위치에 있으면 대충 말해도 다른 사람들이 알아서 마음을 읽고 헤아려 행동했다. 하지만 지금은 수평사회다. 권력이 특정인에게 집중되어 있지 않다. 힘을 지닌 자라도 다른 공간에서 다른 시간에서는 권위를 잃게 되는 경우가 대다수다. 의도하는 바를 정확하게 전달하지 않으면 타인이 내 진의를 해석하기 위해 노력하지 않는다. 진정성 있는 소통이 어려워진다.

인공지능기술이 고도로 발달해 내 생각이 왜곡 없이 다른 이에게 전달될 수 있다면 말과 글이 덜 중요해질 것이다. 이 정도로 첨단기술이 발전하는 데는 시간이 꽤 걸릴 것이다. 웹에서 민주화가 급속도로 진행되는 오늘날에는 말과 글로 나를 표현하는 것이 중요하다. 인터넷으로 연결된 망 안에서 생각의 대부분은 음성과 활자로 기록이 남는다. 나는 말과 글을 통해 정체성이 형성된다. 개인브랜드 시대에 말과 글은 파급력 강한 홍보 매체다. 언어를 사용해 소통하는 언어적 인간, 호모 로쿠엔스(homo loquens)는 앞으로 더욱 중요해질 수밖에 없는 인간의 특질이다.

세계경제포럼은 2016년에 미래핵심역량으로 문해력, 수리력과 같은 기초기술(foundational skills), 협력과 문제해결력 같은 직무능력(competencies), 호기심이나 주도성 같은 인성자질(character qualities)을 꼽았다. 그중 언어를 기반으로 하지 않는 역량은 없다. 우리는 생각, 신념, 지식, 능력을 말과 글로 표현하기 때문이다. [1]

미국에는 1인 기업인이 5,400만 명에 달한다. [2] 6명 중 1명이 프리랜서인 셈이다. 앞으로 프리랜서 비중은 더 증가할 것으로 전망된다. 지금과 같은 네트워크 사회에서는 소비자와 생산자 경계가 불분명하다. 아무리 좋은 제품과 서비스를 만들어도 고객에게 어필하지 못하면 시장에서 살아남지 못한다. 마케팅이 생존 필수조건이 된다. 마케팅은 글과 말을 기본으로 한다.

미래에는 나와 다른 이들과 협력하고 소통하는 힘이 더 중요하다. 하지만 말을 잘하지 못하는 이는 다른 이의 의견도 인내심을 갖고 듣지 못하는 경우가 많다. 다른 의견을 들으면 논리적으로 의견을 피력해야겠다는 생각을 갖기보다 화부터 낸다. 상대를 이해하고 대화를 통해 견해차를 좁히려고 노력하기보다 그냥 내 편이 아니라고 이분법적으로 접근한다. 의견은 어떤 사람이 지닌 사고의 일부분에 불과한데 그 사람과 동일시한다.

가치관과 사고방식을 개인과 일체화시키는 한국인의 모습은 낯설지 않다. 공식적인 자리에서도 토론은 자주 실종된다. 대립각을 세우는 양 진영의 논객들은 시각차를 견디지 못한다. 차분히 인내심 있게 상대방의 이야기를 경청하지 않는다. 중간에 말을 자르고 핏대를 세운다. 외국 정치인의 토론회에서 종종 등장하는 위트 넘치는 반박은 잘 보이지 않는다. 화를 내지 않는 토론의 장도 맥 빠지기는 마찬가지다. 자신의 주장만 일방적으로 늘어놓는 게 전부이기 때문이다. 긴장감이 떨어진다.

채널마다 차이는 있지만 여전히 많은 한국방송은 '박제된' 프로그램을 진행한다. 패널로 나온 이는 미리 질문을 받았기 때문에 준비된 답을 읊는다. 준비해온 대본을 읽는 사람도 있다. 이 정도면 대화가 아니라 독백 수준이다. 김빠진 프로그램은 감동을 주지 못한다. 프랑스에서 처음 뉴스를 봤을 때 충격적이었다. 아나운서가 패널에게 강렬한 포스와 표정으로 연신 질문을 던졌다. 의례적인 수준이 아니었다. 상대방이 말을 마치기가 무섭게 반론을 제기하며 또 다른 질문을 이어나갔다. 프랑스에서는 이런 모습이 일반적이다.

프랑스 사람은 토론을 즐긴다. 데카르트 합리정신을 중요하게 생각하기 때문이다.[3] 어렸을 때부터 생각을 명료하게 글과 말로 표현하는 연습을 한다. 프랑스인은 정치인 토론을 즐겨 감상한다. 토론물과 시사 다큐멘터리가 저녁 황금시간대에 자리한다. 한국에서 흥미 위주 드라마나 예능프로그램이 프라임 방송시간대에 자리하는 것과 대조적이다.

인류학자 에드워드 홀(Edward Hall)은 이런 동서양의 차이를 고맥락 사회(high context)와 저맥락 사회(low context)라는 분석틀로 설명한다. 저맥락 사회인 서양에서는 각 개인을 맥락에서 떼어내서 바라보고 접근하는 것이 가능하다. 맥락에 구속되지 않는 개인은 언행의 자유를 만끽한다. 고맥락 사회인 동양에서 각 개인은 관계 속에서 존재한다. 나와 유관한 타인을 염두에 두지 않는 언행을 한다는 것이 쉽지 않다. 관계망이라는 공간 속에서 조화를 유지하는 것이 중요하기 때문이다.[4]

동서양의 이런 인식 차는 언어에 반영된다. 다양한 문화, 국적, 인종, 종교가 섞여 있는 저맥락 사회 서양에서는 명확한 의사소통을 통해 서로 이해시키는 과정이 필요하다. 인종, 경험, 배경 면에서 다양성이 적고 역사적 공통점을 상당 부분 공유하는 고맥락 사회 동양에서는 말이 그렇게 중요하지 않았다. 눈만 봐도 염화미소를 짓게 되고 표정만 봐도 독심술이라도 갖춘 듯 마음을 읽을 수 있었기 때문이다. 이런 점에서 보면 우리가 한국인이라는 사실 자체는 말과 글이 중요할 수밖에 없는 현대 사회에서 상당히 불리할 수 있다.

하지만 에드워드 홀이 서양과 동양이라고 뭉뚱그려 설명하는 그룹 내에도 상당한 편차가 있다. 예컨대 위트 넘치는 영국남자 마이클 부스 (Michael Booth)가 알려주는 북유럽은 우리가 알고 있는 '저맥락 서양사회' 와는 거리가 멀다. 인구다양성이 낮은 핀란드는 인구의 단 2.5%만 이민 자다. 순혈주의 대명사로 알려진 우리나라에 외국인이 약 4% 있으니 사실 핀란드가 한국보다 더 '단일민족'을 자랑하는 것이다. 핀란드는 서양이지만 엄청난 고맥락 사회다. 마이클 부스는 고맥락 사회에서 얼마나 대화가 필요하지 않은지를 자신의 친구가 핀란드에서 직접 겪은 에피소드로 알려준다.

마이클 부스의 친구가 처남과 함께 눈보라 시골길을 운전해가던 중에 차가 갑자기 서버렸다. 30분을 기다리니 차 한 대가 지나갔다. 고장 난 차를 보고 가던 차가 멈췄다. 한 남자가 내렸다. 그 친절한 남자는 보닛 안을 들여다보고 열심히 차를 고쳤다. 수리하는 내내 말은 한마디도 하지 않았다. 차를 고치다 알겠다는 듯이 한두 번 고개를 끄덕이기는 했지만 말은 단 한마디도 하지 않았다. 수리를 마친 후 과묵한 그 사나이는 자신의 차를 몰고 올 때처럼 말 한마디 없이 사라졌다. 그 친구는 드디어 처남에게 입을 뗐다. "우리는 운이 좋았네. 저 사람 대체 누구지?" 그러자 그 친구의 처남은 "아, 유하라고, 학교 동창이에요."라고 대답했다고 한다. [5]

상대방이 어떻게 생각하며 행동하고 반응할지가 쉽게 예측되는 사회에서는 대화가 많이 필요하지 않다. 스웨덴과 러시아라는 두 강대국 사이에 끼여 있어 아슬아슬한 역사의 현장을 경험해온 핀란드인에게는 질문을 받지 않는 한, 입을 열지 않는 것이 현명한 처세전략이었을 것이다. 마치 일본과 중국 사이에서 불필요한 오해를 사지 않기 위해 말을 아껴왔던 우리 선조와 같다.

하지만 안타깝게도 침묵이 우대받던 시대는 지났다. 자신을 드러내고 과시하는 것이 불편하고 어색하더라도 훈련을 해보자. 스티븐 하이네(Steven Heine)는 동양인이 자신을 비판적으로 바라보면서 부족한 역량을 채우기 위해 노력하면서 성장한다고 주장했다. 높은 자존감과 칭찬의 힘으로 발전해온 서양인과 차이점이다. [6] 우리에게 부족한 지점을 깨달았으니, 남은 건 이제 그동안 익숙하시 않았던 말하기 기술을 향상시키기 위한 비법을 익힐 때다.

2. 이제 모두가 스피치의 주인공이다

우리는 살면서 공식적으로 말할 여러 기회를 갖게 된다. 앞으로는 이런 기회가 더 많아질 것이다. 미래학자 토머스 프레이(Thomas Frey)는 향후 15년 내에 직업의 40%가 프리 에이전트(Free Agent)로 채워질 거라고 전망하고 있다. [7] '나'라는 브랜드로 대중 앞에서 승부를 걸어야 하는 순간이 목전에 왔다. 내가 아무리 대단한 능력자라도 말로 제대로 표현하지 못하면 소용없다. 내가 가진 역량은 말을 통해서만 보여줄 수 있다. 나를 드러내야 하는 중요한 순간을 망치고 싶은 이는 없을 것이다. 그렇지만 많은 이가 효과적으로 전달하지 못한다. 할 말을 대충 머릿속에 넣어두었기 때문이다. 체계적으로 쌓여 있지 않은 생각덩어리는 깔끔하게 인출되기 어렵다. 엉킨 생각의 타래부터 떼어내야 한다. 이후 비슷한 것끼리 모아 생각의 갈래를 만들어둬야 한다.

공식스피치에서는 발표자가 주목받는다. 긴장을 더 할 수밖에 없다. 생각덩어리를 정리해뒀다고 해도 연습은 필수다. 자연스러워 보이는 프레젠테이션은 혹독한 연습의 결과다. 평창 동계올림픽 유치 프레젠테이션에서 완성도 높은 스피치를 선보였던 나승연 대변인은 리허설을 100번 했다. 자신의 목소리 크기를 가늠해볼 수 있도록 서서 연습했다. 발표 순간에 입을 옷까지 갖춰 입었다.

이런 노력에도 정작 청중의 흡인력을 끌어내는 것은 스피치 내용보다는 다른 요소인 경우가 많다. 미국 심리학자 앨버트 메라비언(Albert Mehrabian)은 1971년에 발간한 『침묵의 메시지』에서 의사전달에서 비언어적 요소가 차지하는 영향력이 크다고 밝혔다. 이 책에서 주장하는 '메라비언의 법칙(The Law of Mehrabian)'에 따르면 말할 때 언어 내용은 불과 7% 정도 힘을 갖고 시청각 요소가 나머지를 좌우한다. [8] 그렇다고 전달하려는 내용이 무의미한 것은 아니다. 상대방과 교감하지 않은 채 일방적으로 말하면 관객에게 제대로 전달되지 않는다는 것을 뜻한다. 많이 말하려고 노력하기보다 꼭 나누고 싶은 내용 몇 가지를 어떻게 효과적으로 전달할지를 고민하는 게 현명하다.

많은 사람 앞에서 말하는 기회를 갖게 되면 꼼꼼한 준비가 필요하다. 수많은 청중과 소중한 시간을 함께하는데 내가 말하는 내용 중 단 하나도 기억하지 못한다면 서로 시간 낭비다. 공을 들여 청중이 기억할 만한 순간을 적어도 한 번은 만들어야 한다. 청자가 들은 내용을 다 떠올릴 수는 없더라도 강한 인상을 남기면 임팩트 있는 메시지를 전달할 수 있다.

효과적인 말하기 연습에 참고할 수 있는 사례가 많다. 관심 있는 분야의 명강사 스피치들을 골라 들으면서 괜찮은 전략을 차용해봐도 좋다. 창의는 모방에서 시작한다. 자신만의 형태로 변형시키면 된다. '세상을 바꾸는 시간, 15분'이나 미국 비영리재단이 운영하는 테드(TED: Technology, Entertainment, Design) 강연도 좋다. 유튜브에서 좋아하는 강사의 강연을 구독하고 주기적으로 들어보는 것도 추천한다.

그중 TED 강연은 글로벌 트렌드를 익히는 동시에 영어공부까지 덤으로 할 수 있는 플랫폼이다. TED는 1984년에 몇몇 엘리트의 지적 사교모임에서 비롯되었다. 2001년부터 '가치 있는 아이디어의 확산'이라는 모토에 공감하는 저명한 연사들이 대거 출연하는 강연회로 발전했다. 이 세계적인 전문가들은 오랜 연구 결과 찾아낸 지혜를 20분 안에 핵심내용만 정리해서 알려준다. [9)]

TED를 즐겨보는 내게 기억나는 몇 연사가 있다. 빌 게이츠(Bill Gates)는 말라리아 퇴치 관련 강연 중에 실제로 모기를 날렸다. 뇌졸중을 겪은 본인의 경험을 나눴던 질 볼트 테일러(Jill Bolte Taylor) 박사는 실제 뇌를 들고 조심스럽게 만져가며 스피치를 이어나갔다. 리더십 전문가 사이먼 시넥(Simon Sinek)은 장황한 이론 대신 딱 세 개의 동심원으로 리더십의 요건을 전달했다. 『먹고 기도하고 사랑하라』로 베스트셀러 작가가 된 엘리자베스 길버트(Elizabeth Gilbert)는 엄청난 성공 후 심적 부담감을 털고 글쓰기를 이어간 비법을 들려줬다. 자신이 겪은 일화를 성대모사까지 곁들여

들려주니 초반부터 관객들이 집중했다. 이처럼 시청각적인 실연과 직접 경험한 이야기를 들려주면 청중은 몰입한다.

완벽하게 준비하고 끊임없이 연습하는 노력형 천재 스티브 잡스(Steve Jobs)도 빼놓을 수 없다. 그의 스피치에는 상투적인 인사말이 없다. 처음부터 강한 문장으로 시작한다. "오늘 우리는 함께 새로운 역사를 만들 것입니다."[10] 이런 도발적인 발표자에게 어떤 청중이 귀를 기울이지 않을수 있을까. 많은 말보다 필요한 말을 영향력 있게 전달하는 연습이 필요하다.

간결한 언어와 압축적인 말의 힘을 절감한 적이 있다. 여성가족부 차관으로 승진한 문화체육관광부 김희경 전 차관보가 진행하는 홍보 관련 특강에서다. 김 차관은 이슈 대응 콘텐츠를 어떻게 효과적으로 구성할수 있는지를 샌드위치 사진 한 장으로 설명했다. 잘못된 정보에 대한 해명자료를 작성할 때는 오보 내용을 담지 말 것을 강조하는 취지였다. 거짓말 키워드를 그대로 쓰면 국민은 가짜 뉴스 프레임에 더욱 갇히기 때문이다. 샌드위치를 덮는 위아래 빵은 정책입안가가 전달하고 싶은 진실 프레임이다. 샌드위치를 만들 때처럼 일단 왜곡되지 않은 제일 중요한 정보로 글을 시작해야 한다. 샌드위치에 내용물을 넣듯이 다음에는 전달하고 싶은 구체적인 사실관계를 담으면 된다. 마지막은 샌드위치 윗쪽 빵을 덮듯이 다시 한 번 진실인 문장으로 마무리하는 것이다. 샌드위치라는 콘셉트는 『코끼리는 생각하지 마』의 저자 조지 레이코프가 팟캐스트를 통해 소개한 내용이라고 했다. 김 차관은 양괄식이라는 흔한 단어 대신에 샌드위치라는 익숙한 소재를 활용해 메시지를 강력하게 전달했다.

모호하고 추상적인 단어만 열거해서는 듣는 이의 마음을 사로잡을 수 없다. 거룩한 말씀만 되뇌면 청중을 집단 수면에 빠지게 할 우려가 있다. 구체적인 에피소드가 함께 할 때만이 청중은 집중한다. 오바마 연설문에는 미국에서 실제 살고 있는 사람들이 자주 등장한다. 2011년 연두교서에서 오바마는 자녀들에게 희망이 되고자 50대 나이에도 배움을 포기하지 않고 커뮤니티 칼리지에서 학업을 잇는 케시 프록터(Kathy Proctor)를 언급했다. 의회에 대학등록금 세제공제혜택을 영구화할 것을 요청하기 위해서다. 새 의료보장법에 대한 우려를 불식시키려고 취한 전략도 비슷했다. 법안이 가져올 혜택을 추상적인 단어로 외치는 대신에 텍사스와 오리건 주에서 살고 있는 뇌암 환자와 중소기업인 이름을 거론했다. 새 법안이 통과되지 않을 경우에 이들이 입게 될 피해를 열거하면서 감정에 호소했다.[11]

국민 스피치 멘토 김미경 대표는 에피소드 광신도로 유명하다. 김 대표는 항상 메모지를 소지한다. 쉬는 짬에도 예외가 없다. TV나 영화를 볼 때도 괜찮은 사례를 찾으면 늘 적는다. 신문에서 적당한 기사를 찾으면 가위로 오려붙여 A4 용지에 붙여서 한 장 분량의 스토리로 만든다. 이렇게 만든 따끈따끈한 이야기를 주제별로 구분해 정리한다. 강연을 듣게 되는 청중 그룹별 특성과 강연 내용에 따라 필요한 에피소드를 맞춤형으로 골라서 구성하면 한 편의 강의가 만들어진다. [12]

  스피치에도 서열이 있다. 에피소드 없이 달달 외운 내용을 멋들어지게 읊는 것은 6두품급 스피치다. 책이나 간접경험으로 알게 된 사례로 치장한 스피치는 진골급이다. 가장 효과적인 성골급 이야기는 내가 직접 경험한 것이다. 강연이나 축사를 할 때마다 성골급 이야기가 얼마나 효과적인지 절감할 수 있었다. 한 번은 아프리카 교육부 관료들을 대상으로 한국 직업교육을 소개했다. 열심히 암기한 스크립트를 바탕으로 숨 가쁘게 영어로 강연을 하다 끝자락에 아쉬워서 내 사례를 하나 추가했다. 아직 어린 막내가 고등학교에 진학할 때가 되었을 때 특성화고등학교를 주저하지 않고 추천할 수 있을 만큼 세상이 바뀌기를 바란다는 진심이었다. 커피 브레이크 시간에 다가와 호응한 청중은 마음을 담았던 사례에 공감했다. 개발도상국으로 교육봉사를 하러 떠나는 예비교사들을 격려하는 자리에서는 선생님을 꿈꾸는 큰딸의 이야기를 들려줬다. 역시나 반응이 괜찮았다.

  중언부언하지 않기 위해서는 스피치 전에 말할 내용을 정리해야 한다. 말하기 편하도록 대략적인 스토리를 만들고 세부적인 사항을 머릿속에 담아두면 된다. 논리적으로 짜놓은 이야기는 긴장될 수밖에 없는 무대 위에서 길잡이 돌이 되어준다. 실에 매달면 늘 북쪽을 가리켰던 신기한 돌 덕분에 우리 선조는 망망대해에서 더 이상 헤매지 않을 수 있었다. 스토리라인은 미시적인 에피소드에서 헤매지 않고 전체적인 이야기 흐름 속으로 돌아가도록 해준다. 그러나 아무리 완벽한 스토리보드가 있더라도 내가 하고 싶은 이야기만 하다 보면 청중을 계속 몰입하게 하는 것이 어렵다. 말은 다른 이와 마음을 나누는 과정이다. 스피치도 청자와 마음을 나눌 때 완성된다.

3. 자녀와 세련되게 소통하는 부모

소통은 어렵다. 내가 가장 사랑하는 자녀와 소통도 마찬가지다. 수백 권의 육아 책에서 말해주는 소통의 비법이 머리 안에 있다. 그럼에도 실전에서는 감정이 이론을 이긴다. '나' 대화법으로 차근차근 말해야 한다는 것을 이성적으로는 안다. 명령하기보다 질문을 통해 아이 스스로 생각하게끔 해야 한다. 하지만 대부분의 상황에서 감정이 이성에게 승리를 거둔다.

왜 소통의 매뉴얼이 실전에서 쓸모가 없어질까? 소통의 전문가들은 조언한다. 상대의 말에 너무 깊게 빠져들지 말고 말의 이면에 있는 진짜 감정에 주목해야 한다고. 말의 껍데기보다 그 안에 담긴 내용을 봐야 한다. 상대의 진의를 알게 되면 핵심 메시지에 초점을 맞춰 피드백을 하게 된다. 사실을 있는 그대로 듣는 것이 현명한 소통의 첫걸음이다. 팩트 확인이 끝났다면 자녀가 느끼는 다양한 감정을 그대로 수용할 차례다. 사실을 있는 그대로 인지했고, 자녀 감정도 비판하지 않고 감싸 안았다면 이제 자녀가 전달하고 싶은 마음에 반응하면 된다.

감정은 가치판단으로부터 자유롭다. 감정을 억누르려고 노력할 필요가 없다. 내 안의 다양한 감정을 그대로 수용하고 만나보자. 이 연습이 충분히 되면 자녀와 관계에서도 대응이 훨씬 수월하다. 여전히 어렵다면 자녀와 적당한 거리두기를 연습해보자. 아이를 나와 동일시하면 차분히 대응하기가 쉽지 않다. 적정 거리를 유지하는 것은 자녀를 나와 다른 독립된 주체로 인정하는 것에서 시작한다.

말을 할 때 사람 간에 적당한 경계를 유지하는 것이 매우 중요하다. 화자가 청자와 너무 가까이 있으면 말의 형태가 왜곡되어 일그러져 보인다. 마찬가지로 너무 멀리 있어도 아웃라인이 선명하게 보이지 않아 좀처럼 요지를 파악할 수 없다. 공명이 잘되는 적당한 거리를 유지하는 게 중요하다. [13)]

의사소통이 원활하기 위해서는 가족 간에도 적당한 거리감이 필요하다. 가족 간에는 서로 경계가 불분명한 경우가 많다. 경계가 애매하면 소통이 어렵다. 각별한 마음을 쏟는 가족에게 감사한 마음을 갖기보다 가족이기 때문에 당연하게 받아들인다. 남에게는 예의 바른 사람이 가족에게는 무심한 사람이 되기 십상이다. 고마운 것을 표현하는 법이 없다. 남의 큰 잘못에는 너그러우면서 가족의 조그만 실수에 결코 눈감는 법이 없다.

자녀와 소통수준이 아직 낮은 단계라면 심리적으로 자녀를 내게서 떼어놓는 것부터 시작해보자. 내 아이를 옆집 아이라고 가정해보면 좀 더 이성적으로 대할 수 있다. 말하기 전에 한 번 더 생각하고 자녀가 실수하더라도 평정심을 유지하며 상황을 객관적으로 판단하게 된다. 아이의 작은 배려에도 감동받게 된다. 이런 연습이 어느 정도 되었다면 이제 소통의 기술을 좀 더 높여보자.

자녀와 소통하기 위해 가장 중요한 덕목은 '듣는 카리스마'를 발휘하는 것이다. 자녀에게는 말하는 카리스마를 내뿜을 필요가 없다. 자녀가 원하는 것은 말 잘하는 멋진 부모가 아니라 말 잘 들어주는 따뜻한 부모다. 내가 하고 싶은 말을 꼭 필요한 순간에 농축해서 핵심만 전달하고 자녀가 하고 싶어 하는 말을 일단 경청하자.

경청 중에 요령 있게 질문을 잘 던지는 것도 중요하다. 김윤나는 『말그릇』에서 OFTEN이라는 다섯 가지 질문 기술을 알려준다. 첫 번째는 열린 질문(Opened question)이다. 정해진 답이 없이 편하게 자녀의 생각을 묻는 것이다. 어떤 생각을 하게 된 배경이나 자녀가 스스로 내린 결론이 무엇인지 물을 수 있다. 이런 질문은 현재 자녀가 갖고 있는 생각과 의견을 풍성하게 이끌어낼 수 있다.

두 번째는 가설 질문(If question)이다. 자녀에게 특정한 상황을 상상해보도록 하는 것이다. 어떤 조건을 가정하고 자녀가 다양한 입장과 관점에서 생각하도록 하는 질문이다. 몇 년 후에 자신의 모습을 보면 어떤 생각이 들지 묻는다거나, 제약 상황이 사라진다면 진짜 해보고 싶은 것이 무엇인지를 질문하는 것이다.

세 번째는 목표지향 질문(Target-oriented question)이다. 이 질문은 미래 목표에 초점을 맞춰, 긍정적 힘을 이끌어내는 저력이 있다. 지금 고민 중인 것을 통해 뭘 더 배울 수 있을지 묻거나 더 나은 선택을 위해 어떻게 하면 도움을 받을 수 있을지 고민해보도록 유도하는 질문이다.

네 번째는 감정 질문(Emotion question)이다. 자녀의 현재 감정과 마음을 묻는 것이다. 심리를 정확히 헤아리기 위해 기대사항과 걱정거리를 구체적으로 묻는 질문이다.

마지막은 중립적 질문(Neutral question)이다. 생각, 의도, 감정에 대해 질문하기보다 현재 사실관계에 초점을 맞춘 질문이다. 지금 결정을 내려야 하는 것과 이 순간 확인해야 하는 것이 무엇인지를 점검하는 것이다.

자녀와 이야기를 나누면서 질문 유형까지 염두에 두기는 쉽지 않다. 하지만 부모가 이런 질문 형태에 유념한다면 더 공감하는 대화를 나눌 수 있다. 소소한 주변 사항에 마음 뺏기지 않고 오롯이 질문 목적에 초점을 맞춰 대화를 이어가기 때문이다. 질문으로 이야기를 나누다 보면 부모가 일방적으로 자녀의 생각을 자르지 않게 된다. 부모는 자녀가 사고력을 다질 수 있도록 추임새를 넣어주는 것으로 충분하다.

자녀가 미처 생각하지 못했던 것을 스스로 생각할 수 있는 시간을 줘야 한다. 자녀가 편향된 방향으로 사고하면 다른 생각도 해보도록 이야기를 건네보자. 부모의 질문에 답하면서 아이는 새로운 정보와 가치관을 접할 수 있다. 다른 각도에게 현상을 분석할 수 있는 힘을 기르게 된다. 사고 폭이 깊어지고 생각 너비가 넓어진다. 이 추론 과정을 홀로 해냈기 때문에 자신감이 높아진다.

자녀에게 매일 말하지만 영향력 없는 상투어가 있다. '숙제해라, 공부해라, 씻어라, 방 좀 치워라'와 같은 말이다. 자녀가 이런 말에 익숙해지면 아무런 효과가 없다. 반감만 살 뿐이다. 어른이 일할 때도 마찬가지다. 이미 열심히 하고 있는데 다른 사람이 지시하듯이 명령을 하면 의욕이 떨어진다.

그렇다면 어떻게 해야 할까? 공부하라고 주문하기보다 OFTEN 질문을 던져보면 된다. 열린 질문이나 중립 실문으로 지금 해야 하는 것에 대해 자녀가 고민해보도록 해보자. 지금 무엇을 하면 좋을지 자녀가 판단해서 시간을 스스로 꾸리도록 하는 것이다. 자녀가 여전히 요지부동일 때는 목표지향 질문이 효과적이다. 목표가 없는 아이는 매사에 의욕이 낮은 경우가 많다. 자신의 미래 모습에 가까워지기 위해 지금 해야 하는 것이 무엇인지 스스로 생각하게끔 하자.

자신감 넘치는 자녀로 키우려면 무엇보다도 아이 기를 살려줘야 한다.[14] 부정화법이 아닌 긍정화법으로 용기를 북돋아주자. 자녀가 두려움을 극복하고 도전하도록 격려하는 것은 부모의 몫이다. 작은 일에도 칭찬하고 자녀가 직접 해보고 성공경험을 쌓도록 해주자. 이런 방법은 비단 자녀에게만 적용할 것이 아니라 부모가 스스로 써볼 수 있다.

　나는 지칠 때마다 아이들에게 격려해달라고 부탁한다. 특히 회사에서 도전적인 일을 성공적으로 완수했을 때 아이들에게 머리를 쓰다듬어 달라고 부탁한다. 스킨십은 아이만 필요한 것이 아니다. 사랑이 듬뿍 담긴 손길을 받다보면 어른도 긍정 에너지로 충전된다. 지친 마음에 위로가 되고 재도전할 의욕이 생긴다. 부모의 성과를 자녀와 나누는 것도 좋다. 마음을 담은 자녀의 칭찬을 받으면 더욱 신나는 마음으로 일하게 된다. 부모를 격려하면서 자녀는 부모와 동등한 주체로 존중받았다고 느끼게 된다. 자녀의 자존감이 높아진다.

　자녀가 실패했더라도 비난해서는 안 된다. 자녀가 잘못을 하면 부모는 화가 난다. 중요한 것은 화를 내는 것은 문제를 해결하는 데 도움이 안 된다는 것이다. 부모가 자신의 감정을 먼저 다스려야 한다. 차분히 마음을 진정시킨 후 이야기를 해야 한다. 감정이 격앙되어 있으면 자녀의 잘못을 바로잡을 수 없다. 자녀를 다른 이와 비교하지도 말자. 성인도 비교를 당하면 기분이 좋지 않다. 하물며 아직 자존감이 확립되지 않은 자녀는 말할 것도 없다. 자녀가 또래에 비해 더디 배우고 더디 자라는 것 같아도 기다리자. 시간이 좀 더 걸리는 것뿐이라고 받아들이자. 세상을 사는 데 속도보다는 올바른 방향으로 살고 있는지가 더 중요하다.

　가정은 아이의 생존기반이기 때문에 아이가 공포, 위협, 자책감을 느끼지 않도록 하는 것이 중요하다. [15] 안전 같은 기본욕구가 충족되지 않으면 자아실현 같은 고차원 욕구를 실현하기 어렵다. 아이는 가정환경을 능동적으로 선택할 수 없는 상황이다. 자녀가 피할 수 없는 상황에서 화목하지 못한 부부의 모습을 보이면 아이는 심한 불안감을 느낀다.

잔소리도 자녀 자존감을 떨어뜨린다. 잔소리는 분노나 화처럼 부정적일 때 하는 경향이 있다. 이런 감정은 여과 없이 자녀에게 전달된다. 자녀는 말의 내용보다는 신경질적인 전달방식에 거부감을 갖는다. 자신이 잘못했다는 생각보다 현명하지 못한 방식으로 의사를 전달하는 부모에 대한 거부감이 더 크다. 말은 생각을 담고 전달하는 매체다. 진심 어린 마음을 잘 전달하기 위해서 말 내용뿐 아니라 말이 담기는 그릇에도 관심을 가져야 한다. 미래지향적으로 말하는 것도 중요하다. 예전에 잘못했던 일까지 시시콜콜하게 끄집어내지는 말자.

하고 싶은 말보다 아이가 이야기하고 싶은 것을 질문하고 온 몸과 마음으로 들어주는 부모가 되어야 한다. 자녀 목소리와 생각에 늘 주의를 기울이는 게 쉽지 않다. 하지만 자녀의 말을 경청하면 부모와 자녀 간에 신뢰가 쌓인다. 이 신뢰 잔고는 부모가 실수할 때 적금통장 역할을 한다. 부모가 부족한 모습을 보여도 자녀는 부모를 마음에 품어준다. 강하다는 건 딱딱한 게 아니라 유연한 것이다. [16] 말하는 방법에 유연함을 입힐 때 말은 더 견고해진다. 유연한 말하기를 통해 세련되게 자녀와 소통할 줄 아는 부모로 거듭나게 된다.

4. 세계를 원한다면 '닥치고 외국어!'

내 생각을 우리나라 사람과만 나누기에는 뭔가 아쉽다. 첨단기술로 온 세상이 하나로 연결된 신판게아 시대에 나와 다른 언어를 쓰는 이와 말한 번 제대로 못해보는 것은 억울하다. 촘촘하게 연결된 현대 사회에서 다양한 인종, 종교, 언어, 문화적 배경을 지닌 사람과 원활하게 소통하기 위해서는 외국어 구사능력을 갖춰야 한다. 일부 미래학자는 뛰어난 수준의 통번역기가 나올 테니 앞으로 외국어를 배울 필요가 없을 거라고 예측한다. 그러나 번역기라는 매개가 진심을 상대방에게 제대로 전달할 수 있을까?

6개 언어를 구사하는 무리뉴 맨체스터 유나이티드 감독은 외국어 실력 덕분에 다양한 국적의 선수들의 마음을 따뜻하게 보듬을 수 있었다. 모국어로 어려움이나 문제점을 나눴던 선수들은 감독의 무한신뢰를 바탕으로 능력을 최대한 발휘할 수 있었다. 박지성도 비슷한 이야기를 했다. "통역을 통하면 미묘한 뉘앙스를 전하기 어렵고 동료와 감독과의 거리도 좁혀지지 않는다."[17] 외국어를 하면 내 진심을 상대에게 온기를 담아 전달할 수 있다. 차가운 기계가 절대 대신해줄 수 없는 부분이다.

외국어를 잘하면 새로운 기회도 잡을 수 있다. 라오스 수파노봉대학교에 재료공학과를 신설하는 사업을 추진한 배재대학교 임대영 교수가 해준 이야기다. 임 교수는 라오스에서 한 청년을 만났다. 그 청년은 영어로 자기소개를 하며 외국에서 공부하고 싶으니 도움을 달라고 했다. 도움을 요청하는 사람이 너무 많았기 때문에 영어를 못 알아듣는 척하며 무시했다. 그러자 임 교수를 일본인이라고 생각했는지 이번에는 일본어로 이야기했다. 임 교수는 젊었을 적에 일본에서 공부하고 싶어서 만나는 일본인 교수마다 붙잡고 매달렸던 과거가 떠올랐다. 가슴이 아팠지만 도움을 줄 수 있는 방법이 없어서 외면했다. 마지막으로 그 청년은 한국어로 간곡하게 부탁했다. 그 젊은이는 해외유학을 통해 자신의 꿈을 이루고 싶어서 말레이어를 비롯해 영어, 일본어, 한국어를 공부 중이었던 것이다. 정성에 감동한 임 교수는 열정이 가득한 이 젊은이가 한국에서 공부할 수 있는 방법을 다각도로 찾았다. 일본인 교수의 차별 없는 사랑 덕분에 학업을 계속할 수 있었던 자신의 과거를 떠올리니 라오스 청년과 국경을 넘은 사제관계를 맺지 않을 이유가 없었다. 결국 임 교수를 비롯한 여러 독지가의 도움으로 박사학위까지 성공적으로 거머쥔 그 청년은 지금 라오스에서 전도유망한 삶을 이어가고 있다.

세계 경제의 부침이 심하다. 어떤 전문가는 이 과정에서 3,000개의 언어와 문화가 사라질 거라고 예측한다. 이런 비관 전망 속에서도 존재감이 돋보이는 국가가 있다. 바로 중국이다. 인구대국이라는 장점을 바탕으로 중국어 사용자가 계속 늘고 있다. 중국은 세계 어느 국가보다 많은 특허를 등록하고 있으며 과학기술분야 발전에서도 독보적이다. 이런 강점 덕분에 중국어가 중요한 비즈니스 언어로 자리매김하고 있다. 많은 미래학자가 중국이 향후 20~30년 동안 글로벌 시장을 지배해 세계적인 경제력과 군사력을 갖추게 될 거라고 전망한다. 그럼에도 미국과 일본은 중국 인건비가 늘어난다는 이유로 중국시장에서 철수를 시작했다. 충분한 내수시장을 갖고 있는 미국과 일본은 그래도 먹고살 수 있다. 하지만 우리는 자체 내수시장 여력이 충분하지 않기 때문에 중국을 제2의 내수시장으로 활용하는 전략이 필요하다. [18]

10개 외국어 구사가 인생 목표인 나의 금년 목표는 중국어 배우기다. 아이들에게 중국의 중요성을 피력하면서 중국어를 배우자고 권해봤지만 별로 반응을 보이지 않아서 일단 나부터 시작했다. 페이스북(Facebook) 창업자 마크 저커버그(Mark Zuckerberg)는 중국어를 공부한다. 그는 중국어만 할 줄 아는 아내의 할머니와 대화하기 위해서 중국어를 배운다고 밝혔다. 그러나 많은 사람이 페이스북의 중국 진출을 위한 포석으로 해석한다. 저커버그는 시진핑 중국 주석과 중국어로 대화를 나누고 칭화대에서 20분 정도 강연도 중국어로 했다.

저커버그가 그토록 공략하고 싶어 하는 중국에서, 저커버그가 태어나기 몇 년 전부터 영어에 인생을 바친 이가 있다. 영어를 배워 세계로 도약하고 싶었지만 가난했던 청년은 신세를 한탄하는 대신에 매일 45분간 자전거를 타고 호텔로 갔다. 그곳에서 만난 외국인에게 무료로 관광가이드를 해주면서 영어를 배웠다. 무려 9년 동안 꾸준히 영어실력을 키운 그는 항저우 시에서 가장 영어를 잘하는 이가 되었다. 눈치 챘겠지만 알리바바 창립자 마윈이 그 주인공이다. 마윈은 야후 설립자 제리 양의 투어 가이드가 되었을 때 유창한 영어로 자신의 사업 비전을 밝혔다. 제리 양의 소개로 만나게 된 손정의 소프트뱅크 회장을 단 6분 만에 설득해 투자 유치를 약속받았다. [19]

싱가포르는 국민 4명 중 3명을 차지하는 중국인 화교의 거센 반발에도 불구하고 강력한 영어정책을 추진했다. 말레이시아와 인도네시아라는 거대 양국 사이에서 독자적으로 생존할 수 있는 유일한 방법이 세계화라고 믿었기 때문이다. 많은 싱가포르인은 영어, 중국어, 말레이어를 기본적으로 구사한다. 이런 뛰어난 외국어실력 덕분에 싱가포르는 짧은 기간 동안 최빈국에서 부국으로 변모할 수 있었다. [20]

세상의 주인공이 되고 싶은 자는 자신만의 좁은 틀에 갇혀서 잠재력이 사장되도록 하지 않는다. 세계에는 기회가 무궁무진하다는 것을 알기 때문이다. 언어는 새로운 세계로 나가기 위한 열쇠다. 외국어를 배운다는 것은 언어공부 이상의 의미가 있다. 다른 나라 언어를 배우며 몰랐던 다른 세상을 경험할 수 있다.

언어란 국가 정체성, 문화유산, 가치관의 결정체다. 언어를 습득한다는 것은 새로운 문물, 역사, 전통, 지역적 배경을 내 안에 받아들인다는 것이다. 외국어는 다른 세계관을 지닌 이와 소통하는 매개일 뿐 아니라 좀 더 포용력 있는 이로 성장하게 해주는 발판이 된다.

단순히 좋은 발음으로 외국어를 구사하는 게 관건은 아니다. 말은 그 안에 담긴 내용을 전달하는 도구다. 말할 거리가 없는 이는 외국어를 잘할 수 없다. 말 안에 담길 자신의 '사상'이 결여된 외국어 구사력은 평가절하가 불가피하다. 말을 잘하지 못한다는 것은 사고를 명징하게 하지 못한다는 것이다. 말과 글을 통해 다져진 생각하는 힘은 외국어 공부를 할 때도 필요하다. 모국어로 생각을 논리적이고 체계적으로 잘 전달하지 못하면 외국어를 잘하기 어려운 이유다.

외국어공부는 쉽지 않다. 많은 어휘를 익혀야 하고 새로운 언어 법칙을 배워야 한다. 그래서 많은 이가 외국어 공부를 생각하지 않는다. 생활 외국어 수준까지는 어느 정도 노력으로 가능한데 그 이상으로 도약하는 건 몇 곱절의 노력이 필요하다. 이 정체기에 많은 사람이 외국어공부를 포기한다. 하지만 고급단계 수준의 외국어 실력은 배신하지 않는다. 언젠가 투자한 만큼 되돌려준다.

이런 외국어의 힘을 익히 알고 있는 이는 외국어를 배우는 데 열심이다. 끊임없이 새로운 시장을 개척하기 위해 노력하는 사업가도 그렇다. 김은미 CEO SUITE 창립자도 그런 사람이었다. CEO SUITE는 현지에 새로운 지점을 열려고 하는 글로벌 기업을 대상으로 행정 · 법률 · 회계 · 사무실 · 컨설팅까지 패키지로 제공하는 기업으로 아시아 8개국에서 오피스 서비스를 제공 중이다. 김 대표는 외국어를 '상대를 끌어당기는 힘, 마법의 언어'라고 표현하고 있다. 김 대표에게 외국어란 보험처럼 언제 필요할지 몰라 틈틈이 확보해두는 아이템이었다. 교양 있는 글로벌 사교 비즈니스에 필요할 것 같아 불어를 배웠다. 일본을 상대로 사업할 때를 대비해 일어를 배웠다. 인도네시아에서 일하려면 현지인과 소통해야 하니 인니어를 배웠다. 태국과 중국에도 지점을 내면서 그 나라 언어도 일상생활이 가능할 정도로 배웠다. 이렇게 여러 언어를 배워둔 덕에 비즈니스를 보다 수월하게 할 수 있었다. 상대방의 언어로 인사를 하면서 새로운 파트너들을 첫 만남부터 무장해제할 수 있었기 때문이다. [21]

그렇다면 외국어는 이렇게 엄청난 포부를 품고 있는 이들만 잘할 수 있는 영역일까? 절대 그렇지 않다. 외국어 고수들이 밝히는 비법의 공통분모를 찾아보니 평범한 사람도 의지만 있으면 된다. 가장 중요한 원칙은 즐겨야 한다는 것이다. 우리 뇌는 무엇인가 배우는 것을 부담스러워한다. 뇌의 거부반응을 줄이기 위해서는 외국어를 놀듯이 공부할 것을 추천한다. 자기가 좋아하는 분야를 외국어로 공부하는 것도 좋다. 동료 중에 일본어를 무척 잘하는 이가 있다. 일본 아이돌을 좋아해서 열심히 '덕질'을 한 덕분이라고 한다. 일본어능력시험 중 가장 높은 NI을 합격했다. 7개 국어를 구사하는 외국어천재 조승연은 연애를 하면서 외국어 실력을 비약적으로 키웠다.

　나는 좋아하는 미국 드라마나 유명한 스피치를 따라하는 식으로 영어 공부를 한다. 좋아하는 것을 하니 공부라는 생각이 거의 안 든다. 대본을 암기하고 원어민 속도에 맞춰 녹음을 한 후 다국어 공부 온라인 카페에 인증 샷을 올린다. 카페 멤버들을 단 한 번도 만나지 못했지만 서로 격려 댓글을 올리다보니 친한 친구 같다. 며칠 공부가 뜸하면 안부를 묻는다. 기다리고 있는 '친구'를 위해서라도 공부를 쉬지 않게 된다. 이처럼 함께 공부하는 이가 있는 것도 외국어공부를 할 때 무척 중요하다. 응원군은 먼 길을 지치지 않고 걸을 수 있게 해주는 원동력이다. 영어공부만 30년째 해오고 있는데 홀로 할 때는 중도하차하는 경우가 비일비재했다. 하지만 마음 맞는 동료들과 의기투합해서 함께 하는 공부는 늘 재미있었고 제법 성과도 좋았다.

　외국어를 공부하면 외워야 할 문장이 꽤 많다. 암기했다고 해도 오래 기억하기 쉽지 않다. 그럼에도 내게 특별한 의미가 있는 문장은 잘 기억하고 더 오래 기억하게 된다. 이를 심리학용어로 자기 참조 효과(self-reference effect)라고 한다. 문단열은 영어공부를 할 때 자신을 주인공으로 등극시켜 암기할 문장을 만들라고 주문한다. [22] 문장의 주어를 모두 나로 바꾸고 상황도 나와 연관되는 것으로 바꿔야 한다. 아무리 많이 공부해도 필요할 때 입에서 출력되지 않으면 소용없기 때문이다.

출력식 영어를 하는 또 다른 비법은 모국어를 배웠던 순서대로 외국어를 배우는 것이다. [23] 듣고 말하고 읽고 쓰는 순서로 말이다. 아이는 태어나서 1,200번 이름을 들어야 본인 이름을 인식한다. [24] 아이가 말을 배우듯 일단 많이 듣고 외국어 패턴에 익숙해지는 것이 무엇보다 중요하다. 모국어를 배우는 것처럼 외국어를 공부하면 효과적이라는 것은 실증적으로 입증됐다.

2차 세계대전 중 미국은 정보를 수집하기 위해 적국 언어에 능통한 군인을 신속하게 양성해야 했다. 군인들은 이미 스무 살이 넘은 성인이라서 뇌가 모국어에 최적화된 상태였다. 그러나 반년동안 집중 훈련을 받은 끝에 의사소통하는 데 막힘없는 외국어실력을 갖게 되었다. 이들이 처음 받았던 교육은 듣고 말하는 기술(audio-lingual technique)이었다. 두 명의 외국어 교관이 줄기차게 질문을 던지면 훈련병은 모국어로 생각할 겨를도 없이 외국어로 대답해야 했다. 이 훈련을 마친 뒤에는 외국어 랩실에서 듣고 말하는 연습을 무수히 반복했다. 숙소에서도 학습은 계속됐다. 문법 구조를 생각하지 않고 바로 말할 수 있을 때까지 듣고 말하기를 반복 훈련했다. 이들이 외국어를 습득한 순서는 듣기, 말하기, 문법을 병행한 읽기, 쓰기 순이었다. [25]

모든 공부가 그렇지만 언어를 배울 때도 배운 것을 완전히 체화한 후에 새로운 것을 받아들이는 것이 효율적이다. 복리의 마법을 외국어공부를 할 때도 발휘해야 한다. 새로운 것을 배워야 하는데 전날 공부한 분량까지 복습하려면 시간이 꽤 걸려 부담스러울 수 있다. 그렇다면 주중에는 새로운 것을 학습하고 시간여유가 있는 주말에 복습하는 것도 좋다.

듣고 말하기에 어느 정도 자신이 생기면 똑같은 교재를 여러 번 보면서 읽기와 쓰기를 공부할 차례다. 처음 외국어 기초를 잡는 단계에서는 뼈대가 되는 중요한 것을 한군데로 모으는 게 좋다. 핵심 내용을 한 권에 총망라하는 단권화를 통해 두뇌 안에 외국어 정보망을 체계적으로 쌓을 수 있다. 자기참조효과로 재구성한 문장으로 외국어 교재를 한 권 마련하고 정독과 속독을 병행해보자. 한 권이라 부담이 적어 반복하기에도 좋다. 이런 학습법을 통해 언어의 큰 가지가 질서정연하게 뇌 속에 자리 잡으면 심화공부를 통해 알게 된 잔가지 지식이 적재적소에 뿌리를 내리게 된다.

『미움받을 용기』라는 책으로 한국사회에 아들러심리학 붐을 일으킨 기시미 이치로는 1956년생이다. 그는 한국독자와 직접 소통하고 싶어서 몇 년 전부터 한국어를 배우고 있다. 한국어가 어느 정도 익숙해지면 중국인 독자를 위해 중국어도 배울 계획이다. 이런 그에게 64세에 외국어를 배우기 시작해 통역사로 활동 중이라는 일흔 먹은 사람이 다가와 외국어 공부를 계속하라고 응원한다. [26]

이 책을 읽고 있는 당신은 아마도 이들보다는 젊을 것이다. 당신의 자녀를 넓은 세계와 자유롭게 소통하는 대한민국 젊은이로 키우고 싶은가? 그렇다면 바로 당신부터 외국어공부를 시작해서 이런 멋진 젊은이의 매력적인 부모가 될 때다.

5. 글쓰기가 성장의 디딤돌이 된다

왜 글을 써야 하는가? 글쓰기는 생각을 체계적으로 정리해서 활자로 나타내는 것이다. 글을 쓰면 생각하는 힘을 기를 수 있다. 단단한 사고력이 뒷받침되면 자신만의 색과 향을 갖게 된다. 남의 평가에 좌우되지 않는다. 본인만의 소신이 생기기 때문이다. 남과 다르게 생각하고 실천하는 힘, 나의 다름을 용기 있게 이야기할 수 있는 힘, 타인의 다름도 포용력 있게 받아들이는 힘. 이런 저력이 글쓰기를 통해 길러진다. 다른 사람 삶을 침해하지 않으면서 독립적인 정신을 소유하는 '건강한 개인주의'를 갖게 된다. [27] 한 걸음 더 나가 소신과 신념을 다른 이와 나눌 수 있다.

피터 드러커(Peter Drucker)는 세상에 영향을 미치고 싶다면 콘텐츠를 위해 노력하라고 외쳤다. 『세계 제2차 대전』을 집필해 노벨문학상까지 품에 안은 운 좋은 사나이 처칠(Winston Churchill)은 역사 앞에 자신을 세기의 영웅으로 그렸다. 그는 본인이 직접 역사를 썼기에 역사가 그에게 친절할 것이라며 호언장담했다. 대중의 기억 속 처칠이 그리 나쁜 이미지가 아닌 걸로 보아 그의 전략은 꽤 성공적인 셈이다. 위대한 사람은 이처럼 알고 있는 것을 세상에 퍼뜨리고 시대와 공명했다. [28]

다양한 온라인 플랫폼을 통해 내 생각을 다른 이와 자유롭게 나눌 수 있는 시대다. 키보드 몇 개만 두드리면 어마어마한 글이 검색된다. 그런데 글을 공개했다고 무조건 공감을 얻을 수 있는 것은 아니다. 통찰력 있게 거시적인 맥락을 짚어내는 사고력이 뒷받침되어야 한다. 전체를 조망하는 힘이 부족한 자폐 성향이 짙은 글은 공명을 이끌 수 없다. 절제되지 않은 글도 마찬가지다. 이런 글을 쓰는 이는 논리적으로 생각하는 힘부터 갖춰야 한다.

글 잘 쓰는 국민을 손꼽아보라면 많은 이가 프랑스인을 떠올릴 것이다. 프랑스인이 글쓰기 힘을 기르게 된 근저에는 단단한 철학교육이 자리 잡고 있다. 프랑스에서는 철학교육이 매우 중요하다. [29] 고등학교 3학년에는 1년 동안 플라톤부터 데카르트, 로크, 흄, 몽테스키외, 루소, 볼테르, 칸트, 헤겔, 니체, 프로이트와 같은 철학가 사상을 파악하고 이를 바탕으로 자신만의 가치관을 정립해야 한다. 우리나라 대학수학능력시험과 유사한 바칼로레아 철학 시험은 수준이 매우 높다. 자연, 인문, 경제사회 계열별로 세 문제씩 출제되는데 한 문항에 대해 네 시간 동안 작성한다. 2018년도 바칼로레아 문제는 "욕망은 우리의 불완전함에 대한 표시인가?", "우리는 진실을 포기할 수 있는가?", "우리는 예술에 대해 무감각할 수 있는가?"와 같은 것이었다. 그랑제꼴 중 문과계열 최고 수재가 입학한다는 노흐말 쉬페흐외흐(normale superieure) 고등사범 출신은 졸업하면 고등학교 철학교사로 임용된다. 시몬느 드 보부아르, 사르트르, 피에르 부르디외 모두 고등사범대 출신으로 고등학교 철학교사를 했다. 최고의 지성인이 고등학교에서 철학을 가르친다는 것은 철학교육이 프랑스에서 차지하는 위상을 보여준다.

프랑스인처럼 체계적인 철학교육을 못 받았다고 글쓰기를 포기하기에는 이르다. 평범한 우리도 글을 잘 쓸 수 있다. 『유시민의 글쓰기 특강』에서 유시민은 글을 잘 쓰는 비법으로 딱 두 가지를 제시한다. 많이 읽고 많이 쓰는 것이다.[30] 많이 읽어야 잘 쓸 수 있다. 아는 만큼 느끼고 생각하기 때문이다. 앎과 느낌의 외연을 넓히려면 직간접 경험이 풍부해야 한다. 직접경험으로 얻을 수 있는 경험의 폭은 아무래도 제한적일 수밖에 없다. 결국 효율적인 간접경험이라 할 수 있는 읽기를 통해 글쓰기 기본기를 닦는 게 바람직하다.

글을 잘 쓸 수 있는 두 번째 비결은 많이 써보는 것이다. 글도 운동처럼 많이 쓰다 보면 글쓰기 근육을 키울 수 있다. 운동을 안 하던 사람이 처음에 운동을 시작할 때는 귀찮고 힘들다. 운동 후에 따라오는 근육통도 반갑지 않다. 하지만 이 근육통은 내가 좀 더 건강해지기 위해 견뎌야 하는 통과의례다. 글쓰기도 마찬가지다. 글을 안 쓰던 사람에게는 메모 수준의 글조차도 쓰는 것이 불편하고 어색할 수 있다. 그러나 이 고비를 넘겨야 한다. 그래야 한두 문장이 열 문장을 쓰는 힘으로 이어진다. 이후에는 한두 시간 계속해서 써내려갈 수 있게 된다.

첫 문장 쓰기의 두려움만 떨쳐내면 된다. 처음부터 완벽하게 쓰려고 고심하다 보면 글이 써지지 않는다. 일단 하고 싶은 말을 먼저 써보자. 논리를 보강할 논거를 붙이고 문장을 다듬는 것은 퇴고 중에 하면 된다. 영감이 떠오를 때까지 기다리지 말고 그냥 쓰자. 쓰다 보면 아이디어가 떠오르고 생각이 풍성해진다.

글을 쓴다는 것은 내 의견을 세상에 드러내는 것이다. 감정을 발산해 외부와 소통하는 것이다. 글쓰기가 두렵다면 자신의 이야기(me story)부터 시작해도 좋다. 과거를 되짚다 보면 의미 있던 순간을 되새기게 된다. 고통스럽던 순간, 환희에 가득 찼던 기억, 아련한 추억. 과거 가치관과 신념도 반추한다. 중요하게 여기는 것, 생애에서 중요한 가치를 살펴보면서 내 강점과 약점에 대해 생각한다. 나를 더 잘 알게 된다. 나와 끊임없이 소통하면서 내 자신이 얼마나 소중한 존재인지 깨닫는다. 미래 삶과 인생행로에 대해 고민하게 된다. 이런 과정을 겪으며 내가 사랑받을 가치가 충분한 사람이라는 믿음이 강해진다. 글을 쓰며 자존감이 높아진다.

텍사스대학교 제임스 페니베이커(James Pennebaker) 교수와 존 에반스(John Evans)는 고통스런 사건이나 느낌을 하루에 20분씩 사나흘 계속 글로 쓰면 신체 면역기능이 향상된다는 것을 입증했다. 스트레스 받는 상

부모 혁명

황을 글로 쓰면 해방감을 느껴 부정적인 감정을 견딜 수 있다. 면역력이 강화되어 감염과 질병도 이겨낼 수 있다. [31]

큰 시험이나 중요한 일을 앞두고 성공적으로 해낼 자신이 없다면 마냥 초조해하기보다 느껴지는 감정을 써보자. 쓰다 보면 불안감이 상당히 해소된다. 불안요인을 적다보면 그렇게까지 조바심을 낼 필요가 없다는 것을 깨닫게 된다. 두려움은 실체가 분명하지 않은 경우가 많다. 차분히 논리적으로 근원을 파헤쳐보면 해결방안을 찾게 된다. 김영하는 이를 "글쓰기가 가진 해방의 힘"이라고 표현한다. [32] 글쓰기는 우리가 막연하게 갖고 있는 공포심을 물리칠 수 있게 해준다. 쓰기를 통해 정신력이 강해지고 튼튼해진다.

송숙희는 결정을 잘 못 내리는 우유부단한 자녀가 있다면 비슷한 전략을 써볼 것을 추천한다. 어떤 것을 결정해도 무차별한 상황에서 쉽게 결정을 못하는 자녀에게 선택별 장단점을 적도록 하는 것이다. 각 선택지에 따른 이점과 한계를 고민하다 보면 자녀가 의외로 빨리 결정하기도 한다. 이렇게 써보면 문제 상황이라고 여겼던 것이 그렇게 심각하지 않다거나 문제를 잘못 인지했다는 것을 깨닫기도 한다. 이런 글쓰기 훈련을 통해 생각을 가다듬다보면 삶에서 걸림돌이 되는 것에 대해 좀 더 빠르게 생각을 정리할 수 있다. [33]

이런 단계 후에는 주제를 하나 정해 1,200자 칼럼을 써볼 것을 권한다. 연령대별로 글 씨앗 주제가 달라질 수 있지만 같은 주제로 부모와 자녀가 함께 글을 써도 좋다. 동일한 이슈에 대해 갖고 있는 생각을 공유하면 서로에 대한 이해도 높아진다. 글쓰기 실력을 키우기 위해 나는 한동안 주요 일간지 논설위원 칼럼을 필사했다. 좋은 글을 따라 해보니 글 쓰는 것이 조금씩 편해졌다. 글 수준이 점점 나아지는 게 느껴졌다.

글쓰기는 세상을 향한 자신의 각별한 눈 맞춤을 기록하는 것이다.[34] 어떤 주제에 대해 글을 쓰려면 관심을 갖고 주변을 관찰해야 한다. 똑같은 것을 봐도 세밀한 장면까지 정확하게 기억하는 이가 있는가 하면 흐릿한 윤곽선으로만 회상하는 사람이 있다. 세상을 대충 건성으로 대하면 대상이 별 의미 없이 희미하게 내 삶에 자리 잡는다. 애정을 갖고 만물과 관계 맺으면 많은 것이 나름의 의미로 각인된다. 글쓰기로 내가 품을 수 있는 세상이 넓어진다.

자녀 글쓰기 능력을 길러주기 위해 일기를 써보게 하는 것도 바람직하다. '20년 후 미래일기', '묘비명 쓰기'처럼 진지하게 생각해야 하는 것부터 '하루에 덤으로 한 시간이 더 생기면 하고 싶은 일', '전기가 없는 세상', '새롭게 만들고 싶은 물품'에 관해 상상력을 발휘해 글을 써보도록 해보자. 하루를 만화로 그려보거나 '외국인이라면 어떻게 하루를 보낼지'와 같은 주제를 통해 당연하고 익숙했던 일상을 낯설게 바라보게 해줄 수도 있다.[35]

이런 방법을 다 써봤는데도 글쓰기에 고전을 면치 못하는 자녀가 있다면 교과서 베껴 쓰기를 권한다. 교과서는 각 분야 전문가가 모여 적확한 표현으로 완성한 책이다. 교과서를 표본 삼아 베껴 쓰기를 연습하면 학교에서 배운 것을 복습할 수 있을뿐더러 논리적인 사고력을 기를 수 있다.

율곡 이이는 공부를 시작하는 이를 위해 『격몽요결』이라는 교과서를 만들었다. 자신에게 배우러 온 이들에게 도움이 될 만한 책을 제공하기 위해서였다. 그러나 무엇보다도 나태해진 자신을 되돌아보기 위해서였다.[36] 조선시대 엄친아의 표상처럼 보이는 이이조차도 글을 통해 자신의 마음을 다잡았다. 글을 쓰다 보면 추억의 색채가 선연해지고 감정은 뚜렷해진다. 글이 쌓일수록 감수성의 칼날을 벼릴 수 있다. 사유와 상상의 즐거움을 누리며 삶이 풍요로워진다. 무한한 시간과 공간 속에서 만화경처럼 펼쳐지는 인생사에 조그만 자리 하나 얻어 살아가는 위약한 나라는 존재에 위로가 된다. 자신과 자녀에게 이런 잉여 선물을 건네보자.

6. 책 읽는 바보가 21세기를 주도한다

저력을 키우기 위해 책을 읽어야 한다. 단단한 사람으로 거듭나기 위해서다. 삶에 대한 존중은 독서에서 비롯된다.[37] 시대의 흐름이 거센 경우 소신껏 내 목소리를 내기 쉽지 않다. 경쟁중심 프레임에 갇혀 살고 싶지 않지만 옆집 부모를 만나면 마음이 흔들린다. 나만 아이를 방치하는 건 아닌지 불안하다. 세상을 나만큼 밖에 살지 못한 비슷한 경험을 한 사람만 만나면 삶에 발전이 없다. 고만고만한 생각만 모이니 사는 게 늘 도돌이표다.

이럴 때 책이 필요하다. 나보다 오랜 세월을 산 이가 인생에서 진짜 중요한 가치가 무엇인지 알려주기 때문이다. 각 분야 전문가가 세상이 어떻게 변하고 있는지 보여준다. 내가 어떻게 자녀와 관계를 맺고 이 귀한 인연을 이어나갈 수 있는지 귀띔한다. 책을 읽으면 인생에 대한 이해 폭이 넓어진다. 대중이 걷는 길이 내게 맞지 않는 방향일 수도 있다는 것을 알게 된다. 남이 가보지 않은 길을 선택한 가족의 결정을 지지하게 된다. 타인의 비판어린 시선에서 어느 정도 자유로워진다.

조선 후기 이덕무는 자신을 책만 보는 바보라며 '간서치(看書痴)'라고 불렀다. [38] 지칠 줄 모르는 그의 책 사랑은 자신의 신분적 한계에서 비롯됐다. 이덕무는 적통 양반이 아니었기에 출세 길을 밟을 수 없었고 양반의 피가 절반 흐른다는 이유로 농업이나 상업에 종사할 수도 없었다. 생계에 종사할 수 있는 길이 막혀버린 그는 너무 가난해 결국 아끼던 책을 팔아가며 끼니를 마련했다. 그러던 차에 다행히 신분차별 없이 인재를 등용하던 정조를 만나 규장각 검서관이 되었다. 이덕무는 서자라는 출신의 한계를 극복하고 세상 밖으로 나가 뜻을 펼칠 수 있었다. 독서를 통해 평소에 자신을 담금질하지 않았다면 불가능한 일이었다.

지금 시대는 책을 사랑하는 현대판 간서치를 필요로 한다. 독서는 전문성과 기량을 향상시키는 지름길이다. 많은 부모가 학창시절에 공부를 하면서 대학만 졸업하면 더 이상 공부하지 않아도 된다고 생각했을 것이다. 나 역시 그랬다. 하지만 담당하는 업무가 바뀔 때마다 공부를 쉴 수 없었다. 공부하는 데 가장 효과적인 방법은 독서다. 나는 새로운 업무를 맡게 되면 그 분야와 관련된 책을 찾아 읽는 것부터 시작한다. 일주일 동안 약 열 권 정도 속독과 정독을 병행하면 낯선 업무를 어떻게 추진할지 머릿속에 대략적인 윤곽이 잡힌다. 하지만 자신의 전문분야에만 집중해서는 깊은 사고를 할 수 없다. 혜안은 전체적인 맥락을 파악하고 큰 그림을 조망할 줄 아는 능력에서 나오기 때문이다. 다양한 분야에 걸친 폭넓은 독서가 필요한 이유다.

일에 만족하는 사람은 일을 잘한다. 일을 못하는 사람은 일에 만족하지 못한다. 더 중요한 것은 일을 못하는 사람은 학습능력이 없다는 사실이다. 새롭게 부여되는 일을 처리할 능력도, 이 일을 잘해내기 위해 공부해서 역량을 높일 의지가 없으니 일이 재미없는 것은 당연하다. 학교에 다닐 때처럼 범위를 정해서 시험 보는 것도 아니다. 매일 예기치 못한 문제를 처리해야 하고 갈등을 해결하고 낯선 규정을 해석해서 업무를 추진해야 한다. 새로움을 익히고 배우는 것을 두려워하는 사람은 새 업무를 맡는 것에 대한 스트레스가 크다. 다른 동료라면 거뜬히 버텨내는 상황에서도 불만과 불평을 끊임없이 늘어놓게 된다.

통계로 봤을 때 우리나라 사람은 책을 잘 읽지 않는 편이다. 최근 독서 실태 조사 결과에 따르면 우리나라 성인 10명 중 4명은 1년에 책을 단 한 권도 읽지 않는다고 한다. [39] 나이가 들면서 문해력이 급격하게 떨어지는 원인이다. 자녀 교육 차원이라면 지금 당장 읽지 않더라도 집에 책을 좀 쌓아두는 게 현명하다. [40] 어릴 때부터 많은 책에 노출되면 인지능력이 개선되고 소득이 높아질 가능성이 높기 때문이다. OECD가 31개국을 대상으로 국제성인역량조사를 했다. 16세 때, 집에 책이 몇 권이 있었는지를 물었다. 에스토니아가 가구당 평균 218권으로 최고였고, 노르웨이, 스웨덴, 체코가 200권 이상이었다. 전체 평균은 115권이었다. 그런데 한국은 91권으로 여섯 번째로 책을 적게 갖고 있는 국가였다. 2002년에 교육과학통계연구소에서 미국 리더에 대한 연구를 했는데 흥미로운 사실이 밝혀졌다. 이 지도자들이 모두 어린 시절에 500권 이상의 책을 읽었다는 것이다. [41] 부모와 자녀가 함께 책을 읽어야 한다.

캐나다 공공도서관은 1년에 두 번, 소장 책 중 오래된 것을 꽤 저렴한 가격에 파는 할인행사를 한다. 귀국 직전에 책을 좀 구입하려고 세일행사에 참여한 적이 있다. 내 또래의 학부모가 대다수일 거라고 짐작하고 행사장으로 향했다. 하지만 길게 줄서서 끈기 있게 기다리고 있는 대부분은 연세 지긋한 할머니와 할아버지였다. 책 읽으며 고매한 인품을 유지하는 어르신이 인도주의 국가 캐나다를 이끄는 힘이라는 것을 깨닫게 되었다.

그런데 생각 없이 책의 활자만 읽는 것은 무의미하다. 일본에서 우리나라 대학수학능력시험과 같은 센터 시험을 치르는 로봇 도로보군을 개발했다. 일본에서는 고등학교 3학년 학생의 절반 정도가 매년 센터 시험을 치른다. 이 센터 시험에서 도로보군은 평균값을 훌쩍 뛰어넘어 상위 20%에 해당하는 성적을 냈다. 그런데 도로보군이 문제를 이해하고 푼 것은 아니었다. 빅데이터를 기반으로 엄청난 양의 정보를 입력하고 확률과 통계로 답을 찍었다. 덕분에 도로보군은 논리와 이해력이 없어도 높은 적중률을 보일 수 있었다. 그렇다면 거꾸로 이해력을 갖춘 인간은 로봇이 풀지 못하는 문제를 더 잘 풀어야 한다. 그런데 독해력에서 세계적인 성취수준을 보이고 있는 일본의 학생과 교사조차 도로보군이 어려워하는 문제를 그다지 잘 풀지 못했다. 정답률이 그저 연필을 굴려 찍는 수준에 불과했다. 꼼꼼하게 읽기만 해도 풀 수 있는 문제들을 허망하게 틀렸다. 이 실험에 참여한 교사들은 평소에 얼마나 글을 대충 읽는지 깨달았다고 고백했다. [42]

아무리 뛰어난 딥러닝 소프트웨어를 구비해도 인공지능은 결국 계산을 하는 컴퓨터에 불과하다. 인공지능은 '논리, 통계, 확률'이라는 수학적 관점으로만 기능한다. 인간 삶의 모든 국면을 이 세 가지 차원으로 치환하기란 불가능하다. 이런 점에서 도로보군 프로젝트를 총괄한 일본 국립정보학연구소 아라이 노리코 센터장은 인공지능이 인류를 뛰어넘는 특이점은 절대 오지 않는다고 주장한다. 이런 그가 중요하다고 힘주어 강조하는 것은 첫째도 둘째도 독해다. [43] 인류가 인공지능과 차별화되는 이유는 글을 이해하는 '독해력'을 갖췄다는 점이다. 독해력을 갖추지 못한 이에게는 암울한 미래가 기다리고 있다. 글을 깊이 이해하고 비판적으로 사고하면서 생각 줄기를 뽑아내 다른 이와 소통하는 것은 인간만이 지닌 힘이다. 독해력을 갖추지 못한 이는 인공지능과 싸워 백전백패할 수밖에 없다.

우리는 직간접 경험 테두리 안에서 타자를 포용하고 현상을 이해한다. 세상 모든 정보와 일을 다 직접 경험할 수는 없으니 책을 통해 간접경험을 쌓을 필요가 있다. 책을 읽을수록 더 나은 사람이 될 가능성이 높아진다. 더닝 크루거 효과(Dunning-Kruger effect)라는 게 있다. 능력 없는 사람

부모 혁명

은 실력이 있다고 자만하는 반면에, 능력 있는 사람은 실력이 변변치 않다며 겸손한 태도를 보인다는 것이다. [44] 많이 아는 사람은 자신의 지식이 무한 지식 가운데 일부분에 불과하다는 것을 알기에 겸허하고 아집에 빠지지 않는다. 본인 의견이 틀릴 가능성이 농후하다는 것을 알기 때문에 다른 사람 견해에 대한 포용력도 크다. 반면 무지한 사람은 지성인보다 확신에 찬 언행을 하는 경향이 있다. 별로 아는 게 없는 이는 독선적이다. 자신이 알고 경험한 얄은 레퍼런스가 세상을 바라보는 프레임이기 때문이다. 좁디좁은 준거 틀로 복잡다기한 세상을 쉽게 재단한다. 무식해서 용감한 사람이 되지 않기 위해 책을 읽어야 한다.

독서를 해도 더러 책 한 권 안 읽는 사람보다 더 독단적인 이가 있다. 얄팍한 지식을 떠벌리느라 다른 이의 지루해하는 표정을 읽지 못하는 사람도 있다. 다른 의견을 껴안지 못하고 타인의 감정을 읽을 수 없다면 아직 책을 '제대로' 충분히 읽지 못한 것이다. 이런 사람은 책을 읽으며 자신의 내면부터 깊이 들여다봐야 한다. 독서는 저자와 텍스트, 독자의 조용한 만남이다. 이 의미 깊은 조우를 통해 생각을 키울 수 있다. 사려 깊은 독자라면 책 속 문장을 자신의 삶에 어떻게 접목시킬지 고민하게 된다. 실천이 필연적으로 따르게 된다. 이런 성찰과 깨달음, 변화 없이 책만 무조건 읽으면 성장을 기대할 수 없다.

책을 읽으면 꿈을 이루는 데 한 걸음 더 다가갈 수 있다. 아직 경험하지 않았지만 미래에 일어날 일을 생각하는 것만으로 우리 신체와 마음은 최상의 상태로 조율된다. 휴가를 앞두고 있으면 그날을 상상하는 것만으로도 기쁨이 가득해진다. 독서를 통해 성공 예행연습도 가능하다. 책으로 만난 롤 모델의 성공한 모습에 자신을 이입시키다 보면 뇌는 자신을 이미 성공한 모습으로 인식한다. 자수성가한 이들이 자주 쓰는 전략이다. 이들 대다수는 책을 무척 좋아하는 호모 부커스(homo bookus)였다. 지지부진했던 그들의 삶은 책을 만난 후에 임계점을 넘어 도약했다.

미국인이 가장 존경하는 지도자 버락 오바마는 홀로 책 읽고 가슴에 새겨진 철학을 실천하는 시간을 통해 만들어졌다. 엄청난 재력과 연륜을 쌓아온 정치선배들 사이에서 그는 신출내기 정치인에 불과했다. 그가 단 시간에 성공할 수 있었던 것은 깊이 있는 독서를 바탕으로 한 끊임없는 자기반성과 성찰이었다. [45] 미국 최고의 투자자 워런 버핏(Warren Buffett)은 하루의 3분의 1을 투자와 관련한 각종 책과 자료, 잡지, 신문을 읽으며 보낸다. 세계적으로 존경받는 전설적인 펀드 매니저 존 템플턴(John Templeton)은 자기 자신을 살아 있는 도서관으로 만들라고 충고했다. 아시아에서 가장 부자인 홍콩의 리카싱은 어려운 가정형편 탓에 중학교도 마치지 못했지만 매일 잠자리에 들기 전에 30분씩 책을 읽는다. 빌 게이츠는 아예 개인 도서관을 세웠다. 워싱턴 호숫가에 자리 잡은 저택 내 도서관에는 14,000여 권의 장서가 있다. [46]

마케팅의 살아 있는 전설로 알려진 코웨이 이해선 대표도 엄청난 독서광이다. 독서로 다져진 깊은 내공은 설화수, 이니스프리와 같은 장수 브랜드를 탄생시키는 데 기여했다. [47] 이메이션코리아의 이장우 전 사장은 바쁜 일정 가운데에도 1년에 200권 이상 책을 읽었다. 그는 직원들에게 매년 50권씩 책을 사주며 독서경영을 실천했다. [48] 리치써클그룹 김새해 대표는 경영승계를 눈앞에 두고 사업 기본기를 배워가던 중에 가세가 기울어 아르바이트를 전전하며 살았다. 좌절의 늪에서 그녀를 구출해준 것은 다름 아닌 책이었다. 그녀는 자신이 성공 반열에 오르는 데 기여한 책을 유튜브에 소개하고 긍정확언을 통해 더 많은 사람이 선한 부자가 되도록 돕고 있다. [49] 비행청소년 아이콘처럼 살아왔던 김수영의 스토리도 흥미롭다. 직업계고 출신 최초로 도전 골든벨 주역이 된 후에도 벗어나기 힘들었던 가난의 늪에서 그녀를 구해준 것은 책이었다. 호주로 가기 위해 이른 아침부터 자정 넘은 시간까지 쉼 없이 아르바이트를 할 때도 꾸준히 독서했다. 밥 먹을 시간이 없어 지하철에서 김밥 한 줄로 끼니를 해결하면서도 매일 책 한 권씩 읽는 것을 거르지 않았다. [50]

책을 읽고 싶은데 습관을 들이기가 어렵다면 조금씩 실천해볼 것을 추천한다. 야심차게 어느 날 한꺼번에 무리해서 들여놓다가는 금세 포기한다. 모든 책을 교과서 읽듯이 숙독하는 것도 권하지 않는다. 금방 지쳐 어렵게 갖게 된 독서습관과 결별하기 십상이다. 속독과 정독을 번갈아 해도 좋다. 책을 읽는 방법에는 정답이 있을 수 없다. 충분한 양의 독서를 통해 질을 담보할 수 있다고 믿는다면 다독을 권한다. 이어령 교수는 "이런 것도 책이냐? 시간이 아깝다."라는 평가를 받는 책도 읽는다고 한다. 사람들이 소홀히 여기는 책도 지혜와 통찰력을 끌어올리는 데 기여하기 때문이다. 다방면에 걸친 왕성한 독서력은 그를 다작가로 만든 저력이 되었다. 그가 집필한 도서 중에 약 155권이 서점에서 판매 중이다. [51] 대부분 사람이 아무리 좋다고 하는 책도 내게는 울림이 크지 않을 수 있다. 마찬가지로 혹평을 받는 책이라도 내 상황과 맞다면 그 책 속에서 긴 여운을 주는 한 문장을 만날 수 있다.

독서를 통해 세상에서 일어나는 많은 일을 다 알 필요가 있냐고 반문하는 이도 있을 것이다. 하지만 우리는 호기심 덕분에 이만큼 성장했다. 앎에 대한 왕성한 욕구와 삶을 개선하고자 하는 의지가 만나 진보를 이뤘다. 인류의 진일보를 꿈꾸던 선각자들이 없었다면 우리는 문명사회로 진입하지 못하고 여전히 움집에서 살고 있을 것이다. 주변 환경을 이해하고자 하는 노력은 원생동물도 한다. 주변 환경을 알지 못하면 생존이 어렵기 때문이다. 이런 점에서 지적 호기심이 유달리 높은 이는 생존본능이 더 강하다고도 할 수 있다.

매일 책 한 권씩 읽으면서 죽을 때까지 책 2만 권을 읽는 게 목표인 나의 독서 롤 모델은 안중근 의사다. 사형이 집행되기 전에 마지막 소원이 뭐냐고 묻는 사형집행인의 질문에 그는 이렇게 답했다. "5분만 시간을 주십시오. 책을 다 읽지 못했습니다."[52] 독서를 하며 마지막 호흡을 하는 그 순간까지 깨어 있기를 바란다.

언어인의 통찰 : 비타민 G, 감사는 지혜의 언어다

한국인은 칭찬과 감사에 인색하다. 공동체 안에서 맡은 책무와 역할을 성실하게 수행하는 것은 당연하다는 사고방식이 강하기 때문이다. [53] 당연히 해야 하는 일을 해냈을 뿐인데 일일이 감사인사를 한다는 것 자체가 어색할 수 있다. 하지만 이 시대는 칭찬과 감사의 말을 아낌없이 나누는 인재를 원한다. 남에게 칭찬과 감사의 말을 건네는 것도 중요하지만 글과 말로 칭찬하고 감사하며 자신을 끊임없이 격려하는 것도 의미가 있다.

헬렌 켈러(Helen Keller)는 본인을 칭찬하는 말을 3,000개나 찾아냈다고 한다. 그녀는 『사흘만 볼 수 있다면』이라는 책에 래드클리프 대학 시험을 치르며 겪었던 어려움을 적었다. 헬렌 켈러는 시험을 이틀 앞두고 현장 감각을 익히기 위해 하버드 대수 시험 기출문제를 풀었다. 그런데 점자법이 그녀가 공부해왔던 표기법이 아니라는 것을 알고 당황했다. 기호 일람표가 든 편지를 받고 촌각을 다퉈가며 새로운 표기법을 익혔지만 시험 전날 밤까지도 대괄호와 중괄호, 근호를 조합해 식을 세우지는 못했다. 시험을 보는 과정도 험난하기는 매한가지였다. 타이프로 작성한 답안을 볼 수 없어 계산은 점자로 해놓거나 머릿속에 써놓은 게 전부였기 때문이다. [54)]

　그녀의 자서전을 읽다 보면 딱 두 가지 생각이 든다. 첫 번째로 드는 생각은 '이렇게 대단한 일을 해낸 위인이니 자신을 칭찬하는 단어를 그토록 많이 찾을 수 있지 않았을까?'이다. 두 번째로 드는 생각은 '두 눈과 두 귀로 세상의 만물을 보고 듣고 느낄 수 있는 나는 얼마나 행복한가?'이다. 그런데 우리 같은 범인도 마음만 먹으면 얼마든지 자신을 칭찬하는 단어를 수백 개 찾아낼 수 있다. 전 세계에 불평 안 하기 보라색 팔찌를 퍼뜨렸던 장본인인 윌 보웬(Will Bowen) 목사는 면도를 하는 짧은 순간에도 자신에게 100가지 이상의 칭찬을 한다. [55)] 자신을 긍정적으로 평가하면 자신이 행복을 누릴 자격이 충분한 사람이라고 여겨 자존감이 높아진다.

　삶이 언제나 달콤할 수는 없다. 호모 로쿠엔스는 이런 어려움을 무시하지 않는다. 힘든 현실을 직시한다. 다만, 이런 어둠 가운데에서 가늘게 비치는 섬광을 놓치지 않는다. 인생에서 맞닥뜨리게 되는 괴로움에 몰입하기보다 축복처럼 쏟아지는 희망의 빛에 주목한다. 관점의 전환을 위해 호모 로쿠엔스는 감사인사를 습관처럼 한다.

　진대제 한국블록체인협회장이 외국인 지인으로부터 배웠다는 알파벳 놀이는 유명하다. 첫 번째 글자 A에 1점을, 두 번째 B에는 2점, Z에

　　　　　　　　　　　　　　　　　　　　부모 혁명

26점을 부여하는 식의 놀이다. 단어 점수를 합산해보니 열심히 일하는 것(Hard Work)은 98점을, 지식(Knowledge)은 96점을 받았다. 100점을 받은 단어는 다름 아닌 태도(Attitude)라는 단어다. 그런데 호모 로쿠엔스는 완벽한 점수를 받은 '태도'에서 한 발 더 나간다. '감사하는 위대한 태도 (Gratitude: Great+Attitude)'를 통해 행복을 세제곱한다.

제니스 캐플런(Janice Kaplan)은 이처럼 감사가 건강에 긍정적이라는 점에 주목하고 감사를 영어단어의 첫 알파벳을 따서 '비타민G'라고 부른다. 미국의 의학박사 마크 리포니스(Mark Liponis)는 감사가 부정적인 감정에 대한 해독제가 될 수 있다고 강조한다. 그는 고통스런 일을 겪어 자신이 불쌍하게 여겨질 때도 마냥 연민의 감정에 젖어 있지 않는다. 대신 자신이 처한 상대적인 좌표를 바꿔본다. 자기보다 처지가 힘든 이들을 떠올리면서 자신이 세상에서 가장 운 좋은 사나이라고 되풀이해서 말하고 생각하는 것이다. 리포니스 박사는 이런 삶의 전략을 잊지 않으려 'luckiestguyonearth.com'이라는 웹주소를 사용한다. [56)]

그런데 수동적인 태도일 때는 감사하는 마음이 잘 생기지 않는다. 특히 가까운 사람에게 받는 호의에는 이미 익숙해져 감사를 못 느끼는 경우가 많다. 더 적극적으로 고마워하는 마음을 불러일으키기 위한 노력이 필요한 이유다. 쉬운 방법이 있다. 바로 감사 일기를 써보는 것이다. 숀 아처(Shawn Achor)는 하루에 딱 2분만 투자해 세 가지 새로운 일에 대해 감사해보라고 권한다. 24시간 이내에 있었던 감사한 일을 기억하는 것만으로 우리 뇌는 그때 느꼈던 즐거운 감정을 다시 느끼게 된다. 이 감사습관은 우리 뇌에 낙관이라는 새로운 신경회로가 생기기에 충분한 3주 동안 지속해야 한다. [57]

나는 2018년 한 해 동안 매일 세 가지씩 감사할 일을 찾아서 잠자기 전에 블로그에 꾸준히 기록했다. 어느 순간부터 감사하는 게 습관으로 자리 잡게 되었다. 감사가 일상이 되자 하루를 시작할 때부터 감사 일기에 적고 싶은 경험을 만끽하면서 일상을 보내게 되었다. 지금은 감사 일기를 예전만큼 자주 쓰지 않지만 매사에 감사하는 습관을 유지하고 있다. 적극적으로 감정을 관리하게 된 것이다.

감사 일기는 언제 쓰는 게 효과적일까? 잠들기 전이 가장 적합하다는 전문가가 많다. 잠자는 동안에도 우리 뇌는 쉬지 않고 튼튼한 신경세포를 만들어낸다. 잠들기 직전에 뇌에 새겨진 긍정적인 기억은 자는 동안에 뇌의 회로에 단단하게 자리 잡는다. [58] 감사 일기를 쓰면서 깨닫게 된 놀라운 사실은 아무리 사는 게 힘들어도 감사할 항목은 결코 줄지 않는다는 것이다. 감사하는 습관을 갖게 되면 내면이 충일감으로 가득 찬다. 외부의 충격 한 번으로 밀도 높은 내면이 쉽사리 공략당하지 않는다. 결핍된 것을 아쉬워하기보다 이 순간 내가 누릴 수 있는 것에 고마워하며 강점 바라보기 명수로 거듭나게 된다.

제니스 캐플런에 따르면 35세 이상은 절반 이상이 평소에 감사를 표현했다. 반면에 18세에서 24세 젊은이는 세 명 중 한 명만 감사습관을 지녔다. 10대 초중반 청소년도 고마움을 잘 표현하지 않았다. 감사 습관은 전두엽에서 만들어지는데 전두엽은 꽤 늦게 발달이 완성된다. 아이들이 고마워하지 않는다고 괘씸해할 것이 아니라 전두엽 피질이 더 발달한 부모가 자녀들이 비타민 G를 규칙적으로 복용할 수 있도록 도와줘야 한다. 감사습관을 가지면 더 목표 지향적이 된다. 고맙다고 자주 말하는 사람은 현실에 안주해 새로운 것에 도전하는 경향이 낮다는 선입관이 있다. 하지만 감사 심리학 전문가인 로버트 에몬스(Robert Emmons) 박사 연구에 따르면 일주일에 한 번 감사 일기를 쓴 그룹이 감사 일기를 쓰지 않는 그룹보다 목표를 20% 더 달성했다. 에몬스 박사는 고마움을 표현하는 사람은 주어진 현실을 수동적으로 수용하는 데 만족하지 않고 더 큰 의욕을 느껴 행동 지향적이 된다고 주장한다. [59]

감사하는 습관이 생기면 행복하다. 더 많이 갖고 더 높은 지위에 올라야 행복해질 거라고 생각하는 사람이 많다. 하지만 행복은 예측할 수 없을 때 더 크게 다가온다. 행복은 보상의 크기가 아니라 기대와 차이에서 비롯되기 때문이다. [60] 매달 비슷한 수준으로 받는 급여를 고맙다고 느끼기보다 예기치 못한 상황에서 얻은 소액 문화상품권 같은 불로소득에 더 큰 기쁨을 느끼는 것과 같다.

행복에 관한 연구를 하는 대니얼 길버트(Daniel Gilbert)교수는 행복의 자동온도조절장치에 대해 이야기한다. 비틀즈에서 탈퇴한 멤버, 사고로 사지가 절단된 사람, 억울한 누명을 쓰고 수감되어 수십 년을 보낸 후 가석방된 이의 행복 수준을 측정한 결과 흥미로운 사실을 발견했다. 이들이 겪은 어마어마한 시련이 행복을 예상했던 것만큼 끌어내리지 않았다. 우리는 어떤 특수한 경험이 미래 행복에 지대한 영향을 미칠 거라고 과대평가하는 경향이 있다. 그런데 남들이 볼 때는 도저히 견딜 수 없을 것 같은 불행도 몇 개월에서 몇 년이 지나면 다 극복가능한 정도가 된다. 엄청난 기쁨을 안겨줬던 행복한 사건도 시간이 지나면 그냥 일순간 즐거웠던 경험에 불과해진다. 이런 점에서 늘 행복하기 위해서는 감사하는 행동을 습관화해서 행복의 기준점(the baseline of happiness) 자체를 끌어올려야 한다. [61]

〈첫 키스만 50번째〉라는 영화를 무척 즐겁게 봤다. 미국 영화를 리메이크한 일본 영화도 봤는데 둘 다 재미있었다. 마지막 장면이 가장 인상적이었다. 사고로 단기 기억상실에 걸린 여주인공은 자신에게 일어난 감당할 수 없는 비극에 가슴 아파하며 매일 눈물로 하루를 시작한다. 하지만 이내 사랑하는 남편과 아이가 있다는 사실에 행복해하며 늘 새로운 아침을 맞이한다. 이 여주인공처럼 자신이 누리는 것을 당연하게 여기지 않고 감사히 여기는 마음가짐을 갖게 되면 삶이 더 풍요로워진다.

기시미 이치로는 인생은 일련의 선이 아니라 점의 연속이라고 강조한다. 우리 인생이 연속적인 일직선상에 존재한다면 정교한 미래계획을

부모 혁명

세우는 것이 가능하다. 하지만 우리 인생은 불연속적인 점이 이어진 것에 불과하기 때문에 '춤을 추듯' 지금 이 순간에 집중해서 현재를 즐기면서 살라고 주문한다. [62] 순간 순간을 모아서 적분을 하면 내 삶의 총량이 된다. 삶의 여정 중에 기쁜 일, 슬픈 일, 힘든 일, 행복한 일, 고통스러운 일, 환희에 가득 찬 일을 맛본다. 온갖 고투 끝에 한 뼘씩 성장하고 시련을 극복하면서 강해진다. 다채로운 감정을 낳는 여러 경험 덕분에 삶이 풍요로워진다. 호모 로쿠엔스는 이런 모든 일련의 과정을 지혜로운 언어로 즐길 줄 안다.

언어인의 배움 비법: 말하라

호모 로쿠엔스는 공부하는 방법도 남다르다. 공부할 내용을 게으르게 눈으로만 읽지 않고 소리 내서 읽는다. 입을 통해 읽다 보면 자칫 무미건조해질 수 있는 텍스트가 공기 입자 사이 음파를 통해 뇌에 신선함으로 각인된다.[63] 가천대 뇌과학연구소는 낭독을 하면 묵독 때보다 다양한 뇌 영역이 활성화된다는 것을 밝혔다. 입을 움직이면서 목소리를 듣다 보면 운동과 청각관련 영역이 자극된다. 뇌 좌반구에서 언어정보 해석을 담당하는 베로니케 영역과 말하는 기능을 담당하는 브로카영역도 활성화된다. 일본 도후쿠대학 실험에서도 비슷한 결과가 도출되었다. 6개월 동안 낭독훈련을 시켜본 결과 낭독 후에 기억력이 20% 향상되었다. 즉 낭독이 묵독보다 두뇌발달을 더 촉진하는 것이다.[64]

공부한 책을 읽은 후에는 자신의 말로 바꿔 전달할 수 있어야 한다. 텍스트를 사진 찍듯이 저장하는 포토그래픽 메모리 능력을 가진 이라도 기억저장능력에서는 일반인과 그다지 차이가 나지 않는다. 이들과 일반인의 차이는 저장된 것을 인출하는 '라펠레몽(출력)' 역량에서 비롯된다.[65]

아주대 심리학과 김경일 교수는 세상에는 두 가지 지식이 있다고 한다. 내가 설명할 수 있는 지식과 내가 설명할 수 없는 지식이 그것이다. 내가 설명할 수 없는 것은 사실 지식이 아니다. 막연히 알고 있다는 느낌만 있을 뿐 정확하게 전달할 수 없기 때문이다. [66]

공부를 한 후에 깨달은 바를 명확하게 표현할 수 없다면 책을 제대로 읽은 것이 아니다. 익숙하지 않은 분야에서 얻게 된 새로운 지식과 정보를 자유자재로 인출해서 나만의 용어로 체계적으로 전달하는 것은 쉽지 않다. 낯선 용어는 암기가 불가피하다. 그 말을 도끼눈을 뜨고 바라볼 필요는 없다. 기본 사실을 외우지 않고 그 위에 추가적인 정보를 탄탄하게 쌓을 수는 없는 노릇이다. 외우지 않아도 잘 기억하는 천부적인 재능이 있다면 천복을 받은 것이다. 하지만 대다수는 이런 재능이 없다. 2019년 초를 뜨겁게 달구었던 드라마 〈SKY 캐슬〉에서 사교육 없이 좋은 성적을 내는 '우주'라는 학생의 공부비법이 소개됐다. 다름 아닌 자신이 배운 것을 부모에게 직접 설명해보는 것이었다. 자기만의 용어로 다시 풀어내면서 어느 파트를 더 채워야 하고 어떤 부분을 완벽하게 숙지했는지 알게 된다.

우리 집 거실에는 화이트보드가 있다. 학원에 다니지 않는 고등학교 2학년 큰 아이는 학교에서 배운 내용을 종종 내게 설명한다. 2019년 새 학기 초에 뉴런을 배운 후에는 칠판에 각종 뉴런을 그려가며 복습했다. 아이의 설명을 듣다 보니 과학과목에 있는 내용이 내가 학창시절에 배웠던 것과 용어도 조금 다르고 그동안 과학진보가 더 진행되어 딸이 나보다 더 많은 것을 배운다는 것을 알게 됐다. 뉴런은 나도 흥미를 갖고 있기에 아이의 복습을 경청했다. 20여 분 가까이 머리에 쏙쏙 들어오게 설명을 이어간 아이 머리를 쓰다듬으며 듬뿍 칭찬했다. 내가 열여덟 살 때 저렇게 또박또박 이야기할 수 있었을까 생각하니 새삼 아이가 기특했다.

오늘의 공부분량을 마쳤다면 궁금한 부분에 대해 질문을 던져보자. 책을 제대로 소화하지 못하면 질문을 할 수 없다. 질문 수준은 얼마나 이해하고 있는 지를 보여주기 때문이다. 몇 년 전 이스라엘의 하브루타 교육법이 한국을 강타한 적이 있었다. 하브루타는 '안녕'이라는 뜻을 지닌 이스라엘 인사말 '샬롬 하베르'에서 유래했다. 짝을 지어 공부하고 질문하며 토론하면서 배우는 유대인의 '말하는 공부법'이다. 오랜 세월 떠돌며 사는 동안 교사를 구하기 어려웠던 유대인은 동료끼리 서로 가르치고 배우는 교학상장 모델을 구축했다. 질문의 가치를 중요하게 생각하는 유대인에게는 자녀를 남과 비교해서 '더 나은' 인재로 키우는 것이 목표가 아니다. 자녀를 다른 이와 차별화되는 '독특'한 인재로 키우는 것이 목적이다. [67]

유대인의 질문하는 학습법은 공부를 한 후에 배운 것을 탄탄하게 다지는 데 유용하다. 하브루타 질문법을 통해 배움의 혁신을 꾀할 수 있다. 생각하는 힘을 기르기 위한 방법이니 자녀와 함께 할 때 섣불리 정답을 알려주면 안 된다. 자녀가 많은 질문과 답을 던져보도록 유도해야 한다.

부모가 내용을 많이 전달하기보다 한두 가지 이슈를 심도 있게 끌고 가는 게 필요하다. 아이가 잘 모르는 것은 다른 매체로 내용을 더 찾아보도록 해보자. 이런 과정을 거치면서 자녀가 앎의 지평선을 스스로 넓히게 된다.

좋은 질문을 던질 수 있는 힘은 좋은 교사를 통한 배움 못지않다. 세계적으로 저명한 교수 강의 간에 공통점을 찾는 다큐멘터리가 있었다. 이들은 모두 학생들로부터 '좋은' 질문을 유도하기 위해 남다른 노력을 기울이고 있었다. 숙명여대 조벽 석좌교수는 강의를 하던 시절에 늘 학생들에게 질문을 써내도록 했다. 질문 수준을 평가해서 학점을 부여하고 다음 시간에 가장 좋은 질문을 학생들에게 들려줬다. 뛰어난 질문을 준비하고 싶은 욕심에 학생들은 함께 공부했다. 자연스럽게 또래 학습으로 이어졌다.[68]

호모 로쿠엔스는 인지적으로 공부한 내용을 질문을 통해 이해하는 수준에서 한 발 더 나간다. 배우고 깨달은 내용을 행동으로 옮긴다. 자신만의 소신과 주관을 바탕으로 필요한 것을 선별적으로 받아들여 삶의 철학을 다진다. 배운 것을 내재화해 지적으로나 실천적으로 성장한다. 이런 과정은 특히 자녀에게 유용한 자양분이 된다. 부모의 세심한 관찰과 배려가 부족해도 이렇게 다져진 성찰의 힘은 부모의 빈틈을 메운다. 결국 아이는 세상을 홀로 살아가는 데 충분한 뚝심을 기르게 된다.

III

공감인,
호모 엠파티쿠스

Homo Empathicus

마 음 을 다 하 라

1. 공감력이 성공을 결정하는 시대

노벨경제학상 수상자 시카고대 제임스 헤크먼(James Heckman) 교수는 단순히 공부 잘하고 머리 좋은 이보다 인품이 훌륭하고 배려 깊은 사람이 성공 가능성이 더 높다고 주장한다. [1] 다차원적인 인간 능력 중 IQ로 대변되는 인지능력을 유독 강조해온 우리 사회에 경종을 울리는 대목이다. 인성도 실력이다. 정서적 능력이 미래 성공을 예측하는 강력한 변수니 말이다.

세계적인 석학 제러미 리프킨(Jeremy Rifkin)은 인류는 공감이라는 능력덕분에 세계를 호령하는 종이 됐다고 이야기한다. 그는 인간을 공감하는 존재인 호모 엠파티쿠스(Homo Empathicus)라 명명했다. [2] 신경과학자들은 우리 뇌에 있는 10개의 구역으로 나눠진 '공감 회로'를 찾았다. [3] 우리 모두 공감이라는 성공 DNA를 갖고 태어났다. 관건은 이 회로를 얼마나 잘 활성화할 수 있느냐다.

이런 개념은 사실 최근에 밝혀진 것은 아니다. 이미 30여 년 전 미국 심리학자인 샐로비(Salovey)와 메이어(Mayer)는 감성지능(Emotional Intelligence)

이란 개념을 도출했다. 이들에 따르면 감성지능이 발달한 사람은 자신의 정서를 확인하고 표현, 조절할 수 있는 능력과 다른 사람의 정서를 이해하고 해석하는 능력이 뛰어나다. 이런 사람은 생각하고 행동할 때 정서 정보를 활용한다.

대니얼 골먼(Daniel Goleman)은 샐로비와 메이어의 연구를 바탕으로 감성지능을 4가지 유형으로 정리해 대중에게 널리 알렸다. 내면 상태를 잘 바라보고 감정을 왜곡하지 않고 해석하는 '자기 인식'은 감성지능의 출발점이다. 정서를 인지한 후에는 상황에 맞게 감정을 조절하는 '자기 관리'가 필요하다. 내 안의 다양한 감정을 적절하게 규율했다면 이제 다른 사람과 만날 차례다. 주변 사람의 감정을 잘 읽고 공감하는 '사회 인식'이 타인과 관계 맺는 시작이다. 이 모든 과정을 성공적으로 잘 진행했다면 감성지능의 마지막 단계인 '관계 관리'에 도달한다. 관계 관리 지능은 맥락에 맞는 언행으로 갈등을 해결하고 다른 이의 감정에 적절하게 대처하는 수준을 의미한다. [4]

감성지능을 갖춘 인재가 첨단기술과 겨뤄 이길 수 있다는 이유로 감성 교육이 각광받고 있다. 인공지능기술과 로봇이 아무리 발전한다고 해도 인간만큼 사람의 마음을 정확하게 읽고 따뜻하게 반응할 수 없기 때문이다. 공감하는 인간은 IT로 중무장한 거센 변화의 파고 속에서도 대체 불가능하다.

이런 추세에 민감하게 반응하는 한 군단의 학부모가 최근 언론에 보도되었다. 바로 중국 상하이에 있는 학부모다. 상하이는 교육성과라는 측면에서 전 세계가 주목하는 도시다. OECD가 전 세계 65개국 15세 학생을 대상으로 치르는 국제학업성취도평가에서 상하이가 매우 우수한 성과를 내고 있기 때문이다. 처음 참여한 2009년에 독해, 과학, 수학 모든 분야에서 1위를 차지한 후 지금까지 계속 최상위권을 유지 중이다. 안드레아 슐라이허(Andreas Schleicher) OECD 교육국장은 중국의 경제수도 상하이가 이렇게 탁월한 성과를 거둘 수 있었던 비법은 학생, 교사, 학부모가 함께 호흡 맞춰 2인3각 경기를 펼치기 때문이라고 평가했다.[5] 학생은 각고의 노력을 기울여 공부하고, 교사는 학생의 학습열정을 기꺼이 뒷받침한다. 또 부모는 자녀의 교육에 아낌없이 지원한다.

하지만 상하이는 10명 중 7명이 과외를 받는 사교육의 요람이기도 하다.[6] 2018년 12월 한 방송에서 상하이에서 성행하는 감성교육 사교육현장을 스케치했다.[7] 4차 산업혁명 시대에 타인의 감정을 이해하는 게 중요하다고 느낀 중국 부모들은 자녀가 감정 표현법을 배우도록 학원에 보냈다. 학원에서 아이들은 감정을 자유롭게 표현하지 못하는 친구를 놀리는 대신에 친구에게 "괜찮아."라고 말하면서 감정을 있는 그대로 수용하는 것을 연습했다. 한 초등학교 2학년 여학생은 피아노연습 중에 실수를 하면 예전처럼 화를 내는 대신에 화가 난 자신의 감정을 조용히 바라보는 연습을 했다. 감정에 집중하는 것만으로 서서히 화가 가라앉아 감정 조절이 되기 때문이다. 전 세계 3,300만 명 이상이 수강하는 온라인 공개강좌 플랫폼인 코세라(coursera)에서 인기강사인 라즈 라후나탄(Raj Raghunathan) 텍사스대 교수는 부정적인 정서에 이름표를 붙이는 것이 행복의 시작점이라고 말한다. 라즈 라후나탄 교수는 똑똑한 인재가 모인 지성의 전당에서 불행을 느끼는 학생이 많다는 것을 발견했다. 이런 학생을 대상으로 행복해지는 방법과 관련한 강좌를 개설했다. 그의 강의는 폭발적인 인기를 끌어 지금까지 10만 명 이상이 수강했다. 라후나탄 교수는 감정을 과도하게 분석하지 말 것을 주문한다. 감정을 있는 그대로 바라보는 것 자체가 감정의 강도를 낮출 수 있기 때문이다.[8]

'나는 화가 난다(I am angry)'라는 말 대신에 '나는 화가 나는 것이 느껴져(I am feeling angry)'로 바꿔보자. 사실 이런 부정적인 감정이 없었다면 우리는 지금까지 생존할 수 없었다. 부정적인 감정도 삶에 꼭 필요한 이유다. 먼 옛날부터 간직해 온 인류의 원시감정은 우리 뇌 안의 편도체(amygdala)에서 만들어진다. 편도체는 위험에 민감하게 반응한다. 이 감수성 높은 편도체 덕분에 인류는 생존위협으로부터 살아남을 수 있었다. 따라서 아무리 인격적으로 성숙하더라도 편도체의 자연스러운 반응을 인위적으로 막을 수는 없다. 어린아이와 같은 이 감정은 다행스럽게도 딱 90초만 지속된다.[9] 조용히 부정적인 감정을 바라보면서 잔잔히 가라앉기를 기다리면 큰 소리 내지 않고도 내 몸에서 흘려보낼 수 있다. 그러니 이런 감정이 들 때 억지로 부정하기보다 있는 그대로 받아들이는 게 현명하다. 홀로 훈련을 통해서도 얼마든지 감정을 조율하고 절제할 수 있다.

실생활에서 충분히 연습할 수 있는 것을 굳이 사교육 시장에 맡긴 상하이 부모들이 극성맞아 보인다. 하지만 이 중국 학생들이 학원에서 연마하고 있는 감성기술은 요즘 각광받고 있는 '소프트 스킬(soft skills)'의 일종이다. OECD는 회원국과 70개 이상의 비회원국을 대상으로 연구한 결과를 바탕으로 '소프트 스킬'이 미래사회에서 주요 성공요인이라는 것을 밝혔다. [10] 소프트 스킬에는 자존감이나 자신감처럼 자신과 관계를 설정하는 것과 소통, 협력, 참여처럼 대인관계와 관련된 역량이 포함된다. [11] 소프트 스킬은 특정 분야를 중심으로 쌓은 주지적 지식과 경험을 의미하는 '하드 스킬(hard skills)'과는 구분된다.

좌뇌를 중요하게 생각했던 과거에는 공감능력이 다소 부족하더라도 뛰어난 능력을 갖춘 경우 사회적으로 용인되었다. 하지만 지금은 그렇지 않다. 아무리 대단한 재능을 지녀도 타인의 아픔에 공감하지 못하고 약자를 배려하지 않으면 존경받기 어렵다. 사회적으로 성공했지만 배려심이 부족한 사람이 있다. 이들은 아마도 사회로 진출하기 전에 가정에서, 학교에서 자신의 부정적인 감정을 충분히 수용받지 못했을 것이다. 그 결과 그들은 어른이 된 후에도 감정이 성숙하지 못하고 공감능력이 채 발달하지 못한 어린아이 상태로 머물러 있다.

타인의 마음을 잘 읽고 상황에 맞게 적절히 반응하려면 내 안의 다양한 자아와 감정을 먼저 만나야 한다. 대니얼 골만이 이야기한 '자기 인식'은 호모 엠파티쿠스가 되기 위한 첫걸음이다. 나를 있는 그대로 직시한다는 것은 자신을 고정불변 자아로 보지 않는다는 것, 자아의 변화가능성과 다양한 모습을 그대로 받아들인다는 것이다. 역동적인 감정을 부인하거나 회피하지 않고 그대로 껴안는 것이다. 내가 완벽하지 않다는 점을 인지하고 나의 단점과 약점을 포용할 때 부족한 남도 아우를 수 있다.

나를 정확하게 바라보지 못하면 타인도 왜곡된 시선으로 보게 된다. 자아개념이 성숙하지 못하면 공감을 제대로 표현할 수 없다. 반면에 깊은 내면을 지닌 사람은 자기 마음이라는 씨줄 위에 타인 마음이라는 날줄을 잘 맞이할 줄 안다. 자존감이 높으면 씨줄과 날줄 간에 적당한 거리를 유지해 통풍이 잘 되도록 한다. 날줄이 거칠게 밀고 들어와도 단단한 자아가 있다면 헝클어지지 않는 마음의 옷감을 만들어낼 수 있다.

공감력이 높으면 마음의 손잡이가 내면을 향해 있다.[12] 손잡이가 내 마음 안에 있기 때문에 내가 원하는 만큼만 상대를 향해 문을 열 수 있다. 원치 않은 외부의 불필요한 감정에 동요되지 않도록 문을 살며시 닫을 수도 있다. 이 문은 나와 다른 이를 구분하는 경계선이 된다. 이 문은 나와 타인 간에 적절한 거리를 유지하게 해준다. 문은 울타리가 되기도 하고 소통의 매개가 되기도 한다.

관계를 의미하는 영어단어인 'relationship'은 물건을 옮긴다는 라틴어 'latio'에서 유래했다. 여기에 're'라는 접두어가 붙어 이런 움직임이 반복되는 사이가 관계다. 내 마음과 상대 마음이 만나 조화를 이루고 때로는 충돌하면서 교감지점을 찾아내는 게 관계다. 관계(關係)를 한자로 보면 둘 이상의 존재가 인연을 맺고 당겨서 빗장을 잇는다는 뜻이다. 각자 별개로 존재하던 왼쪽, 오른쪽 문은 여닫는 공동의 목표를 달성하기 위해 중앙 축을 향해 수렴하거나 발산한다. 그리고 이 닫힌 문을 경계로 구획되는 안과 밖은 빗장이라는 도구로 더 견고하게 구별 지어진다. 하지만 빗장을 건다는 것이 속세와 절연을 의미하지 않는다. 세상과 더 잘 만나기 위한 준비를 하는 시간이다.

빗장을 걸면 자신의 다양한 페르소나와 만날 수 있다. 미처 인지하지 못했던 내면의 목소리와 이미지, 감정을 경험한다. 이 내밀한 시공간 속에서는 부정적인 감정이나 생각을 외면하지 않는다. 그저 내 모습을 지켜보고 힘껏 받아들일 뿐이다. 나와 조우하는 숙성의 시간을 충분히 보내면 더 성숙한 모습으로 다른 이와 만날 여유가 생긴다. 다른 가치관과 삶의 양식을 너그럽게 이해하고 수용할 만큼 공감의 그릇이 커진다.

그동안 우리는 감정 변화에 민감한 사람을 성숙하지 못하다고 보는 경향이 있었다. 아무리 기쁘고 슬퍼도 동요를 보이지 않아야 원숙하다고 판단했다. 하지만 우울과 환희 같은 감정 신호에 무감각하게 반응하면 다양한 감정이 갈 곳을 잃는다. 위로받지 못한 부정적인 감정은 만성 우울로 고착된다. 슬픔이 분노, 불안, 적개심으로 돌변할 위험이 있다. 함께 나누지 못한 기쁨은 크기가 준다. 애써 거둔 결실이 비교 속에 평가 절하되면 자존감이 낮아진다. 노력이 인정받지 못하면 삶의 이정표가 흔들린다. 다음 성공을 향해 열정을 쏟을 동인이 사라진다. 쉽사리 깨지는 유리 멘탈을 갖게 된다. 힘든 난관을 만나면 쉽사리 중도 하차한다.

내 안의 또 다른 나를 껴안고, 내 마음을 제대로 보듬자. 다채로운 감정을 인정하면 더 이상 타인의 시선과 인정에 목말라하지 않는다. 심연의 잔잔함을 품게 된다. 다른 이의 언행 때문에 마음에 찰나적인 풍랑이 생길 수는 있다. 하지만 항구적인 고요함은 깨지지 않는다. 자신의 감정을 균형 감각 있게 잘 경영하고 소통, 협력, 공감으로 서로의 감정을 잘 나누는 인재가 바로 21세기가 원하는 호모 엠파티쿠스다.

2. 분별력 있는 사랑이 필요하다

내 감정을 잘 살피고 보듬는 연습을 하면 다른 이의 감정을 어루만지는 것이 조금씩 쉬워진다. 그런데 아무리 연습해도 쉽사리 나아지지 않고 잦은 실수를 하게 되는 관계가 있다. 바로 가족이다. 나와 물리적, 심리적 거리가 멀면 별로 기대하는 바가 없다. 기대치가 높지 않으니 말실수에 상대적으로 너그러워진다. 행동에 깊은 의미를 부여하지 않는다. 하지만 배우자와 자녀가 예상하지 못했던 언행을 하면 필요 이상으로 신경이 날카로워진다. 이때는 가족과 관계를 되돌아볼 필요가 있다.

먼저 가족이 나와 별개로 존재하는 독립된 자아라는 것을 인정해야 한다. 내가 무심결에 나와 가족 사이 선을 넘어버린 것은 아닌지 살펴보자. 아무리 내가 가족의 삶을 고민하고 걱정해도 결국 인생을 사는 것은 각자 몫이다. 누구나 자신에게 주어진 과제를 스스로 해결하면서 하루하루를 보낸다. 이런 태도를 갖기 위해서는 가족 간에도 '심리적 조망권'이 필요하다. [13] 조망권이 좋은 건물은 비싸게 팔린다. 더 넓은 시야를 보장하고 다양한 풍광을 시원하게 보여주기 때문이다.

마음을 바라볼 때도 마찬가지다. 가족 마음의 구석구석이 잘 보이지 않으면 위치를 바꿔야 한다. 마음이 더 잘 보이는 각도로 마음의 몸을 틀어야 한다. 이렇게 하면 내가 하고 싶은 말과 행동 대신에 상대의 목소리와 몸짓에 공명할 수 있게 된다.

그림을 그리거나 건축물을 설계할 때 물체의 연장선을 보이는 것 이상으로 연결하면 소실점을 찾을 수 있다. 아이가 가리키는 손가락 끝을 보는 게 아니라 그 너머, 아이가 말하고자 하는 진심을 찾아야 한다. 아이 마음의 연장선상이 가리키는 지점을 찾아 내 마음의 직선도 그 지점에 맞닿게 해야 한다. 자녀와 소통할 때 관계의 소실점을 찾는 노력을 기울이자. 자녀와 내 관계를 입체적으로 보는 연습을 하면 마음 격차를 좁힐 수 있다. 그동안 아이 마음은 몰라주고 '자녀를 위해'라는 명목으로 쏟아부었던 에너지가 사실은 다른 사람 시선에 비춰진 '자신을 위한 것'이었음을 깨닫게 된다.

주체와 객체를 공평한 시선으로 대할 때, 자녀와 부모는 위계적인 수직관계망을 벗어난다. 대등한 인격체로 서로 존중하게 된다. 편향된 시각에서 벗어난 부모는 시혜적 입장에서 일방적으로 이야기하지 않는다. 자녀의 마음에 대해 조심스럽게 묻는다. 이런 진솔한 대화 덕분에 자녀의 행동 이면에 자리 잡고 있는 마음이 온전히 보인다. 자녀가 감정을 왜곡된 형태로 표출한 까닭을 헤아릴 수 있다.

신뢰가 회복된 부모와 자녀는 이제 관계회로의 이음새를 꼼꼼히 살펴볼 여유를 갖는다. 나와 자녀의 심리적 탯줄을 끊어버리는 순간, 자녀는 내게 타자가 되는 동시에 나의 도반 후보에 오른다. 삶의 여정에 함께하는 자녀는 내가 일방적으로 보호해줘야 하는 여린 존재가 아니다. 예민한 내 영혼을 어루만지기도 하고 나와 사회적인 대화를 나누는 영원한 벗으로 승격된다.

부모의 사랑은 자녀의 자존감을 높인다. 자녀는 자신이 '무엇을 잘해서'가 아니라 '존재 그 자체로' 마땅히 사랑받아야 하는 존재라는 것을 가슴 깊이 깨닫게 된다. 부모의 조건 없는 무한애정과 지지를 받으며 자란 자녀는 성큼성큼 자신의 인생을 살아낼 힘을 얻는다. 내가 사랑받을 가치가 있는 귀한 사람이라는 것을 인식하면 아이는 자신의 삶을 소중히 여긴다. 내 삶이 귀한 만큼 다른 이의 인생도 가치 있다는 것을 깨닫는다. 가진 것이 적은 이를 무시하지 않는다. 아는 것이 부족한 이를 폄하하지 않는다. 힘이 약한 이를 괴롭히지 않는다. 나와 다르다고 별종 취급을 하지 않는다. 자녀를 믿어주는 부모가 있으면 아이는 자신을 뿌리 깊게 신뢰하게 된다. 자신에 대한 강건한 믿음은 타인에 대한 신뢰로 자란다. 올바른 인성을 갖추게 된다.

완벽주의 성향이 있는 나는 그동안 아이들과 나 스스로에게 모질게 군 적이 많았다. 아이들에게 모범을 보여야 한다는 생각이 스트레스였다. 완벽주의 성향을 지니는 부모 아래 크는 아이는 무기력증에 시달리게 된다. [14] 자녀가 원하기도 전에 부모가 자신의 관점에서 먼저 챙겨주기 때문이다. 탁월함이라는 높은 기준점을 설정한 부모에게 완벽하지 않은 모든 것은 미완의 상태다. 좀처럼 성과를 인정하지 않는다. 완벽이라는 목표점에서 늘 부족하기 마련인 자녀는 칭찬보다는 질책의 대상이 되기 쉽다. 이런 부모는 자녀가 스스로 성장할 수 있는 기회를 뺏는다.

부모의 지나친 보호와 비판 속에 자란 자녀는 삶의 의욕이 저하된다. '잘난' 부모와 비교해 늘 '부족한' 자녀의 결핍에만 눈길을 주는 부모. 차가운 부모의 시선 앞에서 자녀는 주눅 들어 하고 싶은 것도, 되고 싶은 것도 없는 무기력 상태에 빠진다. 더 심각하면 감각도 더뎌진다. 완벽주의 성향이 아이들을 벼랑 끝으로 내몰고 있다는 것을 깨닫고 나는 먼저 나 자신을 해방시켰다. 내 안의 완벽주의 자아를 슬그머니 내려놓고 부족한 나를 어루만지기 시작했다. 그제야 따뜻한 스킨십을 기다리고 있는 아이들이 눈에 보였다.

무한 사랑이 자녀가 그릇된 길로 가더라도 방임하라는 의미는 아니다. 부모는 자신만의 올바른 삶의 철학을 갖고 이를 흔들림 없이 관철하는 태도가 필요하다. 즉 '분별력 있는 사랑'을 줘야 한다. [15] 하지만 아이가 부정적인 마음을 보이면 섣부른 훈계보다 감정을 먼저 받아주자. 감정을 수용한 후에 올바른 방향을 안내해도 늦지 않다. 아이가 경험하는 다양한 감정에 섣불리 선악이라는 구별 짓기를 하지 말자. 감정에는 옳고 그름이 있을 수 없기 때문이다.

아이와 함께 같은 공간 안에 있다고 자녀 마음을 진정성 있게 읽을 수 있는 것은 아니다. 아이가 바라보는 곳을 함께 보면서 아이가 가야 할 길을 만드는 데 힘을 보태야 한다. 한 세대 먼저 인생을 살아본 선배로서 부모는 자신이 겪은 무의미한 시행착오를 자녀가 반복하지 않게끔 할 책임이 있다.

하버드대와 예일대 박사학위 소지자를 무려 12명이나 배출한 집안이 있다. 바로 전혜성 박사 가족이다. 이 엄청난 그룹의 든든한 버팀목이었던 전혜성 박사는 여섯 명의 자녀에게 일류가 되라고 강요하지 않았다. 전 박사의 책 제목인 『엘리트보다는 사람이 되어라』가 말해주듯 자녀에게 재승덕(才勝德)이 아닌 덕승재(德勝才)를 강조했다. 재주가 덕을 이겨서는 안 되고 덕을 갖춘 후 재능을 쌓아 세상에 도움이 되라는 것이다. 전 박사의 아버지는 유한양행의 첫 고용 사장이었다. 그녀의 아버지는 신념과 자립심을 강조했다. 딸이 천덕꾸러기 신세로 취급받기 일쑤였던 그 시절에 전 박사를 여자라고 차별하지 않았다. 혈혈단신으로 미국 유학길에 오르고 싶다는 딸을 만류하기보다 자녀의 결정을 존중했다. 다만 고국을 다 알지 못하고 떠나지 않도록 유학 전에 한국 실정을 파악할 것을 주문했다. 낯선 도전 중에 중도하차하지 않도록 계획을 상세히 세우고 유학목적을 분명히 할 것을 권했다. 이렇게 자신을 전폭적으로 신뢰한 부모 덕분에 전혜성 박사는 자녀를 훌륭히 키워냈다. 자녀들은 학식만 뛰어난 것이 아니라 훌륭한 성품을 갖춘 이로 성장했다. 전 박사 가족은 미국 연방교육부의 '성공한 가정교육' 연구대상가족으로 선정되기도 했다. [16]

부모와 원만한 관계를 바탕으로 도덕성이 높아진 아이는 삶을 만족스럽게 여긴다. 긍정의 태도가 깊숙이 자리 잡아 고난과 역경에도 쉽게 굴복하지 않는다. 완벽한 자녀는 없다. 완벽한 부모도 없다. 그러나 완벽한 관계를 향한 노력은 가능하다.

처음 아이를 낳았을 때 어떻게 아이와 소통해야 할지 감을 잡을 수 없었다. 출산을 축하하며 아이를 보러 집을 방문한 분들은 대부분 이미 아이를 키워본 이들이었다. 그들이 아이를 보면서 하는 행동 중에 공통점이 있었다. 바로 아이의 알아들을 수 없는 옹알이와 비슷한 높낮이와 길이로 아이와 교감을 나눈다는 점이었다. 어느새 나도 그들을 따라 대화가 통하지 않는 아이와 옹알이로 소통을 하는 경지에 이르게 되었다. 공감하는 시간이 길어지자 아이의 옹알이는 어느 순간 단어로, 문장으로 발전했다. 아이의 눈높이에 맞춰 의사소통을 하니 언어 간극이 좁혀진 것이다.

마음도 마찬가지다. 그동안 서로에게 내왔던 가슴속 응어리와 생채기 때문에 지금 당장은 나와 자녀 마음의 격차가 클 수 있다. 원치 않는데 오지랖 넓게 자녀 마음의 문을 활짝 열어젖히고 아이의 영역을 침범하지 말자. 대신 현명한 거리 두기를 하면서 부모 마음의 깊이를 먼저 다지자.

자녀와 공감대가 깊지 않다면 아이를 있는 그대로 수용하고 '너는 옳다'며 온몸으로 받아들이는 연습부터 하자. 존재에 대한 수용단계를 건너뛰고 건네는 조언은 숨도 제대로 못 쉬며 고통스러워하는 사람에게 맛있는 음식을 강권하는 것과 같다. [17] 자신이 깊은 마음을 지녀야 주변의 불필요한 소음에 쉽사리 흔들리지 않는다. 자녀 목소리의 껍데기보다 이면에 집중할 수 있다. 내 삶의 중심이 단단하면 자녀도 변한다. 자녀 마음의 문 앞에 서면 민감하고 신속하게 반응할 수 있다. 자녀가 도움 신호를 보내면 온몸으로 껴안고 힘을 다해 경청하자.

3. 있는 그대로 받아들이는 쿨한 부모

조승연은 한국인 불행의 근원에 비교프레임이 뿌리 깊다고 주장했다. 경제적으로 꽤 많은 것을 누림에도 좀처럼 행복해하지 않는 한국인을 보고 그의 외국인 친구들은 의아해했다고 한다. 프랑스인은 달랐다. 돈이 없어 이사를 여러 번 해야 하는 상황에서도 자신을 집 없는 자로 규정하기보다 자유로운 삶의 패턴을 즐기는 유목민으로 격상시켰다. 그는 "지금 우리 한국인에게 필요한 것은 무한 비교행렬에서 과감하게 벗어나 '이기적 주관'과 '쌀쌀한 행복'을 체화하는 것이다."라고 말한다. [18]

이기적 주관은 내 삶을 잘 모르는 타인이 내 생에 대해 성공이니 실패니 이분법적으로 판단내리는 것을 절대 허용하지 않을 만큼 강한 정신력을 갖추는 것이다. [19] 내 인생에 대해서는 오로지 나만 솔직한 평가를 내릴 수 있다. 마지막 죽음의 순간까지 삶은 계속되는 것이니 죽기 전에 그 과정을 보고 섣불리 성패를 단정해서도 안 된다. 그런데 우리는 지금까지 너무 쉽게 내 삶의 주도권을 타인에게 내줬다. 타인의 평가와 시선에 필요 이상으로 민감하게 반응해왔다. 내 인생의 주인공은 나다. 타인에게 피해를 주지 않는 범위에서 나는 내 삶을 내 방식대로 살 권리가 있다. 신념을 생애에 걸쳐 관철하고 인생관을 피력할 자유가 있다.

쌀쌀한 행복은 소확행의 프랑스식 표현인 시크(chic)를 우리말로 풀어 놓은 것이다. [20] 시크는 근사하고 세련된 것을 의미하는 형용사다. 초고속 성장 구가가 더 이상 곤란한 많은 선진국 젊은이들은 성공방정식을 쫓아 질주하는 것에 대해 피로감을 호소한다. 일본에는 명문대학을 졸업해 도시에서 풍요롭게 살려는 출세지향 젊은이보다 조금 벌어 자연 속 커뮤니티에서 공생하려는 젊은이가 더 많아졌다. [21] 우리나라에도 소확행이라는 소소하지만 확실한 행복을 추구하려는 젊은이가 늘어나고 있다. 상황에 따라 의미 차이는 있지만 시크는 미국의 욜로(YOLO: You Only Live Once), 덴마크와 노르웨이의 휘게(hygge), 스웨덴의 라곰(lagom)과 비슷한 맥락에서 쓰인다.

고도 경제성장기 과실을 누려왔던 과거에는 속도감 있는 삶의 패턴을 선호했다. 많이 벌고 많이 쓰는 빠른 삶이 그것이다. 하지만 시크함을 추구하면 과시적 소비 대신에 개인 만족도를 높이는 데 돈을 쓴다. 향기로운 초를 켜고 음질이 뛰어난 음향기기로 음악을 감상하면서 맛있게 먹는 한 끼 식사가 더 소중하다. 많은 것을 소유하기보다 내게 의미 있는 것을 까다롭게 고른다. 자신이 수준 높은 삶을 영위하기에 충분한 존재라고 믿는 프랑스인은 시간을 보내는 방법을 선택하는 데도 신중하다. 더 많은 돈을 벌기 위해 더 오래 일하지 않는다. 가치 있는 일에 몰두한다. [22]

개발도상국을 도울 때 첨단기술보다 우물 파주기처럼 적정 수준의 기술이 오히려 수원국 발전과 복리를 증진할 수 있다. 마찬가지로 시크함을 추구하는 이들은 부와 물질을 무한대로 쌓는 것보다 적당한 수준을 소유하고 일정 수준의 행복을 유지하는 '적정행복'을 꿈꾼다. 그렇다고 이들이 열심히 일하지 않는 것은 아니다. 자신이 좋아하는 일은 꽤 높은 집중도를 발휘해 전념한다. 다만 재산을 모으는 것이 삶의 궁극적인 목적이 아니기 때문에 모은 것을 다른 이와 나누는 데 인색하지 않다. 적정행복을 추구하는 자에게는 높은 지위에 오르는 것도 성공의 척도가 아니다. 자신이 꾸준히 누릴 수 있는 행복의 기준점이 삶이 지향점이다.

원하는 목표점을 향해 전력질주를 하는 사람은 뺄셈 공식을 인생에 적용한다. 목적지에 이르기 위해 아직 달성해야 하는 것이 남았으니 더 노력하자며 끊임없이 채찍을 휘두른다. 목표를 달성해도 주마가편씩 인생관은 바뀌지 않는다. 더 높은 목표를 설정하기 때문이다. 결코 만족하는 법이 없다. 세상에는 나보다 성공하고 더 잘난 이들이 있기 마련이다. 뺄셈식으로 살면 언제나 더 많은 것을 이룬 이들을 바라본다. 이렇게 결핍 관점으로 자신을 바라봐도 얼마든지 행복할 수 있다면 이런 삶의 태도를 버리라고 할 생각은 없다. 이런 가치관을 지닌 상당수가 인류 복지와 문명 수준을 향상시키는 데 큰 기여를 했기 때문이다. 본인만 스트레스를 받지 않는다면 이런 삶도 의미 있다.

비극은 이런 인생관을 선호하지 않는 자에게 이런 삶을 '강요'하고 누군가와 끊임없이 '비교'할 때 초래된다. 신영준과 고영성은 『뼈있는 아무 말 대잔치』에서 비교를 통해서 얻는 건 딱 두 단어뿐이라고 말한다. '비참함'과 '교만함'이다. [23] 비교를 하려면 사실 모든 조건이 동일해야 한다. 하지만 환경 변인과 개인 변인을 모두 통제하는 것은 불가능하다. 그렇기에 비교는 과거 자신을 준거로 해서만 가능하다. 어제의 나를 기준점으로 하는 비교는 반성과 성찰로 이어지고 어제보다 더 나은 이로 성장하는 데 도움이 된다. 비교란 이처럼 시계열적 횡적 선상에서 내가 예전보다 얼마나 더 나아졌는지 덧셈 형으로 수행할 때 비로소 가치 있다. 타인과 나를 종적 피라미드에 세워두고 상대 서열을 끊임없이 점검하는 자기 검열식의 비교는 정신과 영혼을 좀먹는다.

단점 대신에 강점을 보면 비교 틀에서 벗어날 수 있다. 갖지 못한 것이 아니라 이미 갖고 있는 것을 보자. 특히 자녀를 강점프레임으로 볼 필요가 있다. 자신보다 더 우월하다고 여겼던 부모로부터 진심 담은 칭찬을 받으면 자녀는 자신을 존중한다. 자기 강점이 부모 기쁨의 원천이 된다는 것을 알고 잘하는 것에 더 집중한다. 부족한 것에 마음 쏟을 겨를이 점차 줄어들어 자연스럽게 장점이 더욱 키워진다.

남들과 비교당하지 않는다는 심리적 자유로움 덕분에 내면의 즐거움을 추구하게 된다. 남에게 보여주려고 성과를 쌓기보다 자신이 진정 원하는 것에 전념한다. 남과 끊임없이 비교당하면서 상대평가로 성과를 내야만 했던 학창시절에 배움을 즐기기란 쉽지 않다. 나이 들어 자신이 진정으로 궁금해하는 분야를 공부하면서 희열을 느끼는 어른이 많아지는 이유다. 자유를 추구하는 것은 본능이다. 자신의 뜨거운 탐구열을 따라 공부할 때 더 큰 희열을 느끼게 된다. 자녀도 이런 기쁨을 누릴 권리가 있다.

자신이 자녀 연령대에 어떤 모습이었는지 회상하면 자녀를 비교프레임에서 구출시킬 수 있다. 나는 사춘기에 막 접어들었을 때 공부를 강요하는 부모님에게 정답을 보고 문제집의 답안을 채워 놓는 식으로 소극적으로 반항했다. 그런데 내 아이들은 나처럼 비겁하게 거짓말하지 않는다. 아예 당당하게 문제집을 풀지 않는다. 시험기간에 공부를 안 하던 아이를 꾸짖다가 10대 시절 내 모습이 떠올라 더 잔소리할 수 없었다. 대신 아이와 함께 교과서를 읽으며 핵심개념을 짚었다.

내 세 아이는 올해 고등학교 2학년, 중학교 3학년, 초등학교 5학년이다. 모두 한참 외모에 관심이 많을 나이다. 발생학적으로 자연스러운 현상이다. 시각기능을 담당하는 후두엽이 12세 때부터 발달하기 때문이다. [24] 이 연령대에 화려한 외모의 연예인에 관심을 갖고 자기 외모를 꾸미려 노력하는 것은 당연하다. 그런데 많은 부모가 자녀의 이런 당연한 현상을 공부에 관심 없는 일부 청소년의 '일탈'쯤으로 치부해 안타깝다. 어른이 되기 위한 준비과정이니 자녀의 변화를 받아들이고 적정한 선에서 서로 합의점을 찾아보면 어떨까?

아이를 있는 그대로 받아들이지 못하고 타인의 섣부른 판단에 소중한 자녀를 내맡기는 순간 우리는 어리석은 부모행렬에 합류하게 된다. 내가 원하는 삶은 내 자신을 통해 구현하면 된다. 자녀는 자신이 꿈꾸는 삶을 살도록 하자. 사과는 호흡할 때 에틸렌 가스를 배출한다. 이 에틸렌은 다른 채소의 숙성과 노화를 촉진한다. 감을 빨리 홍시로 만들고 싶다면 사과 옆에 두면 좋다. 하지만 단감으로 먹고 싶다면 육질이 빨리 물러지니 곁에 두면 안 된다. 부모가 사과와 같은 존재고 자녀가 홍시가 되고 싶어 하면 가까이 머물며 부모 삶의 방식을 상당 부분 나눠도 좋다. 하지만 단감이 되고 싶어 하는 자녀 곁에 사과 같은 부모가 너무 가까이 다가가면 자녀 미래가 원치 않은 방향으로 흐른다. 시크한 거리두기를 하는 쿨한 부모가 되자.

4. 꿈 있는 부모가 꿈 있는 아이를 키운다

노는 만큼 성공한다는 주장으로 대한민국에 새로운 삶의 패러다임을 선사한 김정운은 교육문제의 근원이 '사는 게 재미없는 엄마들'이라는 진단을 내렸다. [25] 사는 게 따분한 부모는 자신의 삶을 진심으로 들여다보며 즐겁게 살려고 노력하지 않는다. 대신 자식을 위한다는 명목으로 자녀 인생에 지나치게 깊이 관여한다. 이런 부모들이 모이면 자녀교육이 빠지지 않는 주제가 된다. 한국교육 성토의 장으로 시작해 사교육 최신 정보를 공유하며 끝맺는다. 자녀가 다 커서 더 이상 관여할 '남'의 인생이 사라지면 당황한다. 자신의 삶과 맞바꾼 자녀를 향한 희생이 인정받기는커녕 자녀로부터 원망 어린 목소리만 들으면 그제야 정신이 든다.

부모가 재미있게 사는 것이 중요하다. 더 중요한 것은 부모가 즐겁게 꿈을 추구하며 사는 것이다. 만물의 영장이라는 인간이 한 번 밖에 없는 인생을 그저 단세포생물도 할 수 있는 본능에만 충실하다 삶을 끝낸다는 것은 어딘가 석연치 않다. 사실 이 책을 쓰게 된 것도 부모도 꿈이 필요하다는 주장을 뒷받침하기 위해서였다. 수년 전부터 작가가 되겠다고 선언했지만 책을 쓰지 않아야 할 이유, 아니 쓸 수 없는 이유는 너무 많았다. 아이들 키우며 직장생활하기도 벅찬 내가 군이 힘들게 책을 내야 하는지, 절실함을 찾기는 어려웠다. 제자리걸음인 나를 보고 자녀들은 도대체 언제 책을 쓸 거냐고 물었다. 그때 아이들에게 꿈이 뭐냐고 닦달하기보다 부모인 나부터 꿈을 이루기 위해 노력해야겠다 싶었다.

위대한 저술가로 알려진 많은 이들이 시간이 남아서 글을 쓴 것은 아니었다. 『자유론』을 쓴 존 스튜어트 밀도 전업 작가인 적이 없었다. 그가 마음껏 책을 쓸 수 있었던 것은 은퇴한 후인 53세에서야 비로소 가능했다. 그 전에는 그도 평범한 직장인들처럼 퇴근 후에, 주말에만 집필활동을 할 수 있었다. [26] 그동안 내가 책 쓰기를 망설였던 것은 정말 좋은 작품을 내고 싶다는 욕심이 컸기 때문이다. 이미 세상에 많은 책이 있는데 '내 조그만 목소리가 추가된다고 세상이 얼마나 바뀔까?'라는 회의감이 있었다. '졸작을 섣불리 냈다가 후에 대가가 된 뒤 내 명성에 누가 되지는 않을까?'라는 쓸데없는 고민도 있었다. 그러나 많은 양을 생산해 질적인 탁월함을 추구한다는 양질전환의 법칙을 따르는 작가가 제법 있다. 무라카미 하루키도 그렇다. 다작으로 유명한 그의 작품이 모두 진지하거나 수준 높기만 한 것은 아니다. 소꿉놀이 같은 책을 내기도 하는데 어떤 책 띠지에는 "무라카미 상, 이런 책을 내도 정말 괜찮은 거예요?"라는 카피도 있다고 한다. [27]

내가 꿈을 이루기 위해 노력하자 아이들과도 예전보다 더 당당하고 진지하게 꿈에 대해 이야기할 수 있게 되었다. 꿈은 크고 거창할수록 좋다. 일본인들이 관상어로 흔히 키우는 고이(こい)라는 잉어는 작은 어항에서는 5cm 정도밖에 자라지 않지만 강물에서는 1m 넘게 자라고, 조그만 금붕어도 40cm 넘게 자란 사례도 있다. [28] 같은 물고기 종도 환경에 따라 몸집이 이렇게 달라지는데 하물며 사람의 성장 잠재력은 말할 것도 없다. 사람의 마음의 힘은 강하다. '아주 약하다'는 최면을 건 후에는 악력이 평상시 근력의 30% 정도에 불과하지만 '아주 세다'고 최면을 건 후에는 평소보다 20kg 가까이 더 힘을 발휘할 수 있다. [29]

조그만 꿈을 꾸면 딱 그만큼만 이룬다. 하지만 너무 거창해 스트레스를 받는다면 살짝 도전적인 과제로 시작하는 것이 좋다. 꿈을 키우는 마음의 근력도 신체근력과 비슷하다. 꿈을 꾸고 키워 나가다보면 계속 꿈이 커진다. 상상한 이미지는 뇌 안에서 그대로 만들어진다. [30] 우리 뇌는 직간접적인 경험으로 만들어진 시각정보와 우리가 상상을 통해 만들어낸 시각 이미지를 구분하지 않는다. 둘 다 똑같이 영상이라는 형태로 각인된다. 이런 상상을 활용한 이미지 요법은 100여 년 전 심리학에서 출발해 스포츠에 도입됐다. 역도 스타였던 장미란 선수가 이 이미지요법을 통해 기량을 향상시켰던 사례는 유명하다. 단순히 무엇을 이루고 싶다고 희망만 하는 게 아니라 간절하게 믿고 뇌 속에 이미지를 각인시키면 목표 모습과 점점 더 가까워진다. 이런 시도를 처음 하면 마치 망상에 빠진 것처럼 느껴질 것이다. 어색해서 포기하기 쉽지만 꿈은 거저 이뤄지지 않는다는 것을 명심하라. 꿈을 달성할 수 있다는 맹신에 가까운 확신과 좌고우면하지 않는 광적인 매진이 필요하다.

기대를 갖는 것은 꿈을 키우기 위한 선결조건이다. 김진애 박사는 1994년 〈타임〉지가 '21세기 리더 100인'을 선정할 때 유일한 한국인으로 포함되어 대한민국의 시선을 한몸에 받았다. 김 박사는 '기대받는 사람'이 될 수 있었던 그 사건으로 계속 성장할 수 있었다고 술회했다. [31] 미국에서 가난한 지역인 뉴욕 사우스 브롱스크에서 학생을 가르치는 스티븐 리츠(Stephen Ritz)는 "기대가 낮은데 성장하는 아이는 없다."라고 단언한다. 학교생활을 잘하지 못하는 학생이라도 결코 비난해서는 안 된다는 것이 그의 지론이다. 그는 아이가 적응을 잘 못하면 교사의 교육방식과 부모의 양육방식을 바꿔야 한다고 힘주어 말한다. [32] 아이가 성공할 수 있도록 환경을 살펴보고 바꾸는 것은 어른의 몫이기 때문이다. 어떤 식물이 특정 환경에서 잘 자라지 못할 때 우리는 식물을 탓하지 않는다. 대신에 환경을 살펴보며 그 식물이 잘 자라지 못하게 된 원인과 결과를 파악한다. 식물에 쏟는 이런 정성을 우리 아이들도 받아야 한다.

부모가 자녀에게 꿈을 강요할 수 없다. 자녀가 스스로 서고 걷도록 옆에서 지원해주는 것으로 충분하다. 자녀에게 길을 안내하다 부모의 꿈을 찾게 되는 경우도 있다. 『4.0 시대, 미래교육의 길을 찾다』에 아이에게 미술 재능을 발견한 어머니가 아이를 뒷바라지하다 자신도 도슨트로 제2의 삶을 살게 된 사례가 있다. 그 어머니는 아들에게 입시미술을 가르치기보다 개성 있는 그림을 그리도록 아들과 함께 전시를 관람했다. 미술작품을 감상하다가 어머니는 미술사 강의를 듣던 대학시절과 유럽 미술관에서 시간가는 줄 모르고 작품을 감상하던 때를 떠올리게 되었다. 감상하는 작품 수가 증가할수록 미술에 대한 안목도 높아졌다. 이런 경험을 바탕으로 중학생을 대상으로 미술관 수업을 진행하고 도슨트로 활동하면서 체계적인 공부의 필요성도 느껴 현대 미술사 수업을 청강하고 있다. [33] 이렇게 부모는 자녀의 꿈 찾기는 옆에서 도와주는데 그치고 에너지 대부분은 본인의 꿈을 키우고 이루는 데 쏟아야 한다.

자녀에게 도움을 주고 싶은데 아이의 관심분야에 대해 아는 바가 너무 없다면 전문가를 만나게 하는 것도 좋다. 10대 청소년에게 부모의 이야기는 교훈조로 들려 반감을 불러일으킬 우려가 있다. 부모가 직접 나서기보다 멘토의 목소리를 통해 전달하는 것이 더 효과적일 수 있다. 어른도 롤 모델과 소통하면서 삶을 더 내밀하게 만들 수 있다.

말하기에 관심이 많았던 나는 김미경 대표가 운영하는 스피치과정을 이수해 김 대표의 노하우를 배울 수 있었다. 책을 좋아했지만 어른이 되어 책을 멀리했던 나는 이지성 작가가 진행하는 1년에 365권을 읽는 독서프로젝트를 완료하면서 다시 책을 일상에 들여놓게 되었다. 이후 스피치와 독서는 내 정체성을 규정하는 대표 단어로 자리매김했다.

이기주는 꿈 없는 자의 숙명에 대해 다음과 같이 이야기한다. "무조건 꿈을 꾸며 살 필요는 없습니다. 꿈꾸지 않을 자유도 있습니다. 꿈이 없는 사람들도 나름의 일을 하며 충분히 잘 살아갑니다. 다만 꿈이 없으면, '꿈이 있는 사람'을 도와주거나 대신 해주는 일밖에 못 합니다. 그것이 어쩌면 꿈이 없는 자의 숙명입니다…꿈이 있으면 '하고 싶은 일'이 많지만, 꿈이 없으면 '해야 할 일'이 많습니다."[34] 꿈을 꾼다는 것은 획일적으로 정해진 길을 걷는 게 아니다. 꿈을 꾼다는 것은 자신이 정의한 나름의 '성공' 길을 만드는 것이다.

꿈을 갖는 것 못지않게 중요한 것은 꿈을 이루기 위한 실천이다. 복권에 당첨되게 해달라고 매일 열심히 기도하는 남자가 있었다. 그런데 1등에 당첨된 것은 다른 사람이었다. 절망에 빠진 그 남자는 울음을 터뜨렸다. 왜 기도를 들어주지 않았냐며 신을 원망했다. 한 번만 당첨되면 평생 당신을 잘 섬기겠노라며 약속하는 소리를 듣지 못했냐고 외쳤다. 그때 하늘에서 소리가 들려왔다. "불쌍한 녀석! 나는 늘 너의 기도를 듣고 있다. 그런데 우선은 복권을 사야 당첨이 되지 않겠느냐?"[35] 꿈을 이루는 것은 행동하고 실천하는 자의 몫이다.

그러나 꿈을 이루겠다는 다부진 결심과 다르게 '편하게 살고 싶다'는 유혹에 수시로 흔들린다. 어른도 그러한데 아이의 나름 '단호한' 결심이 작심 반나절 되는 건 당연하다. 꿈을 찾는 과정도 쉽지 않다. 나 역시 지난한 과정을 겪었다. 진짜 내 꿈이 맞을지 의심에 의심을 거듭했다. 여러 번 꿈 이루기 노트를 써봤다. 100일 넘게 모닝페이지를 쓰면서 점차 확신을 갖게 되었다. 더 이상 흔들림이 없다는 불혹을 훌쩍 넘은 나이에도 이러한데 하물며 아이들이야. 자녀의 꿈이 매일 바뀌고 진화하는 건 당연하다. 꿈 없이 살아오던 아이에게 갑자기 꿈을 가져보라고 강요하면 또 다른 폭력이다. 아이가 잘하고 관심 있는 분야가 무엇인지부터 찾는 게 먼저다. 자녀의 다양한 경험 조각이 합쳐지며 꿈이 영그는 동안 부모는 부모의 꿈을 키워야 한다.

5. 자녀는 부모의 마음을 닮는다

부모로부터 조건부 수용과 조건부 사랑을 받는데 익숙해진 아이는 도달하기 힘든 조건 상황을 충족하기 위해 자신을 몰아세운다. 하지만 목표를 달성하지 못하고 부모 사랑을 얻는 데도 실패한 자녀는 좌절한다. 성과를 내지 못했다는 실망과 함께 부모의 인정을 받지 못했다는 이중의 상실감에 시달린다. 부모는 조건 없이 자녀를 사랑해야 한다. 자녀의 존재 자체가 귀하다는 정서적 확신을 심어줘야 된다.

가족에게는 특별히 바라는 욕구와 기대수준이 있다. 충족되지 않으면 불만이 쌓인다. 이런 욕망을 서로 인정하고 만족시켜주기 위해 노력할 필요가 있다. 하지만 상호 바라는 수준의 간극이 너무 크면 기대치를 낮춰야 한다. 부모라는 미명하에 자행했던 '협박성 계몽'은 아이를 벼랑 끝으로 몰아넣을 뿐이다. 계몽으로 사람을 움직이던 시대는 지났다. 게다가 자녀를 100% 이해한다는 것은 불가능하다. [36] 차라리 자녀에 대해 아무것도 모른다고 생각하는 게 현명하다. 내 자신도 이해되지 않을 때가 많다. 자녀는 나와 다른 세포와 유전자를 지닌 또 다른 존재다.

부모의 공감을 바탕으로 아이는 세상으로부터 받은 상처를 치유 받고 성장 준비를 한다. 부모는 마지막 보루가 되어 늘 변함없이 그 자리에서 기다리며 지지선 역할을 해야 한다. [37] 건강한 사회인 뒤에는 어떤 상황에서도 따뜻한 시선을 거두지 않는 부모가 있었다.

잭 웰치(Jack Welch) 어머니는 아들의 모든 면을 긍정 프레임으로 해석했다. 어머니의 무한지지 덕분에 잭 웰치는 단점에 자신감을 잃기보다 강점을 키워나갈 수 있었다. 그가 학교 식당에서 참치 샌드위치 한 개를 주문하면 종업원은 늘 두개를 줬다고 한다. 말을 더듬는 잭 웰치가 늘 "튜-튜나(tu-tuna)"라고 발음했기 때문이다. 하지만 어머니는 말을 더듬지 말라고 책망하지 않았다. 오히려 "너는 너무 똑똑하기 때문에 그런 거야. 너처럼 똑똑한 아이의 머리를 너의 혀가 따라오지 못한 거란다."라고 격려했다. [38]

노벨 물리학상을 수상한 리처드 파인만(Richard Feynman)은 어렸을 때 라디오 수리에만 매달린다고 이웃으로부터 많은 염려의 눈초리를 받았다. 하지만 파인만의 어머니는 "그러게 말입니다. 정말 걱정입니다."라고 맞장구를 치지 않았다. 오히려 "그게 우리 아이의 가장 큰 장점인 걸요."라고 대답했다. [39] 아이의 타고난 기질을 부정하지도 호도하지 않고 있는 그대로 긍정적으로 받아들인 것이다. 아이가 지닌 잠재력은 이렇게 부모가 어떻게 반응하느냐에 따라 더욱 커질 수도 있고 어둠 속에서 조용히 꺼져버릴 수도 있다.

몇 년 전에 전 세계를 강타한 포켓몬 고 게임의 총괄 디자이너는 데니스 황이라는 한국인이다. 데니스 황이 어렸을 때 학교에서 공부는 안하고 공책에 그림만 한가득 그려와도 부모님은 한 번도 혼내질 않으셨다. 자질을 알아보고 믿고 묵묵히 지지해준 부모 덕분에 그는 그 누구도 해낼 수 없는 일에 도전할 수 있었다. [40]

『미국에서 컵밥 파는 남자』로 유명해진 송정훈도 비슷한 이야기를 했다. 미국 전역에 21개 매장을 오픈할 수 있었던 힘은 부모의 무한 신뢰였다. 공부보다는 귀 뚫고 춤추는 데 관심이 많았던 그에게 어머니는 이왕 귀걸이를 할 거면 건강을 생각하라며 금 귀걸이 한 쌍을 선물했다. 그를 믿고 끝까지 기다려준 부모를 생각하며 '날라리' 같은 겉모습과 달리 술이나 담배 한 번 안 하고 학창시절을 보냈다. 공부로는 실망을 시켜드렸지만 성품으로까지 부모님을 속상하게 해드리고 싶지 않다는 마음이 컸기 때문이다. 부모 덕분에 삶에 열정을 갖고 성실하게 살아야 한다는 원칙을 세우고 지켰다. [41]

부모의 조건 없는 지지와 사랑이 필요한 까닭은 이런 수용을 경험해본 아이만이 자신의 가치를 인정하는 마음인 자존감이 높아지기 때문이다. 자존감은 자신이 타인의 사랑과 관심을 받기에 충분한 가치가 있다는 '자기가치'와 주어진 일을 성공적으로 잘 해낼 수 있다고 믿는 '자신감'이 더해진 개념이다. [42] 자기 자신을 제대로 사랑할 줄 아는 이는 자존감이 높다. 자존감이 낮은 이들은 어렸을 때부터 일관성 없는 부모 언행에 노출되었던 경험이 있다. 가장 가까운 존재에게 온전한 수용을 받지 못했기 때문에 자존감을 키울 기회가 없었던 것이다. 그래서 자존감이 낮으면 성인이 되어도 낯을 가리고 원만한 인간관계 맺기를 힘들어한다.

아이는 무의식적으로 부모의 행동, 태도, 습관을 모방한다. [43] 부모가 일관된 원칙을 제시하지 않고 규칙을 자주 바꾸며 예측할 수 없는 언행을 하면 아이에게 좋지 않다. 더 심각한 것은 자녀 두뇌 발달에 악영향을 미친다. 부모가 정한 원칙에 따라 머릿속에 이미 신경회로를 형성했는데 다른 방향이 제시되면 이미 만들어진 신경 경로를 해체하고 새로운 회로를 만들어야 하기 때문이다. [44]

부모는 자녀의 정체성 확립에 가장 큰 영향을 미친다. 가족 간 애정의 밀도는 자녀 행복과 마음 건강을 가늠해볼 수 있는 시금석이 된다. 자녀에게 따뜻한 눈길을 포개고 온 영혼을 다 실어 진심으로 사랑하자. 아이를 나와 관계선상에서만 해석하려는 게으른 시선을 거두자. 귀한 내 자녀를 존중하자. 심리적 관계망 안에서 나와 자녀는 대등한 존재다.

6. 협력과 나눔이 경쟁을 이긴다

20세기는 아인슈타인과 같은 천재가 이끌던 시기였다. 하지만 21세기는 몇몇 비범한 인재가 아닌 수천 명과 소통하고 끈기 있게 연구할 수 있는 사람이 필요하다. 힉스입자를 연구한 논문에는 3,000명 이름이 저자로 올라와 있다. [45] 이미 많은 주요 원리가 발견되었기 때문에 비밀로 묻혀 있는 새로운 진리를 찾는 것은 집단지성의 힘을 발휘할 때만이 가능하다. 이런 집단적 능력은 전 지구 차원에 걸쳐 협력의 양태를 띨 때 더욱 강력한 힘을 발휘한다.

이민화 창조경제연구회 이사장은 미래 사회에는 창조성과 협력의 힘을 두루 갖춘 '협력하는 괴짜'가 필요하다고 밝혔다. [46] 스펙이 뛰어난 소수의 모범생이 이끌던 시대는 지났다. 온난화 같은 지구촌 환경위기, 심화되는 글로벌 경제 불평등, 윤리적 판단이 필요한 파격적인 기술진보와 같은 문제는 이제 더 이상 상위 몇 프로 인재 힘만으로 풀 수 없다. 그런데 타인과 협력하기 위해서는 나와 다른 가치관과 사고방식을 지닌 이를 편견 없이 수용하고 이해하는 마음이 전제되어야 한다. 서로 힘을 합쳐

얻은 열매는 특정 개인이 독점할 수 없다. 성과를 사회에 환원하고 다른 이와 나눌 줄 아는 미덕이 필요하다.

이런 이유로 핵심역량을 지닌 탁월한 우수인재에게만 러브콜을 보내 왔던 글로벌 기업이 인재 채용 철학을 바꾸고 있다. 세계적 수준의 특허 나 발명도 협업의 산물이라는 것을 깨달았기 때문이다. 수닐 찬드라(Sunil Chandra) 구글(Google) 채용 담당 부사장은 능력이 아무리 뛰어나더라도 다른 사람과 협업하지 못하면 구글에서 일하기 어렵다고 단언한다.[47] 그 는 '리더십, 문제해결력, 자기역할에 대한 명확한 인식'과 함께 '협업'이 구글이 원하는 인재 역량이라고 언급했다. 복잡한 문제를 해결하려면 타 인과 기꺼이 협력할 의지가 필요하기 때문이다.

프랑스 파리에 본교를 두고 있는 코딩인재를 위한 학교 에꼴42도 협업 을 중요시한다. 아무리 코딩실력이 뛰어나도 동료를 돕지 않으면 최종 선발시험에서 탈락시킨다. 협력을 바탕으로 스스로 문제를 해결하는 능 력을 기르는 것이 이 기관의 중요한 교육철학이기 때문이다. 응시생은 합숙하며 치르는 4주에 걸친 선발시험 기간에 자기 문제를 풀어야 할 뿐 아니라 경쟁상대가 문제를 잘 풀도록 도와야 한다. 이렇게 뚜렷한 교육 원칙을 세우고 엄격하게 지켜나간 덕에 에꼴42는 설립 5년 만에 전 세계 에 10개 프랜차이즈를 진출시킬 수 있었다.

이제는 협력이 경쟁을 이기는 시대다. 윤은기 한국협업진흥협회 회장 은 내부경쟁과 차등보상을 주요전략으로 삼았던 신자유주의 시대가 저

물고 협업과 상생을 기반으로 한 신인본주의 시대가 도래했다고 밝혔다. 20세기 산업사회는 분업사회였다. 자신이 맡은 몫만 성실하게 잘하면 얼마든지 경제성장을 이룰 수 있었다. 다른 일을 하는 사람과 만나 소통하고 힘을 보탤 필요가 거의 없었다. 갈등이 생기면 총괄 책임자가 일방적으로 정리하면 됐다. 효율성을 가장 중요한 가치로 삼던 시대의 업무 처리방식이다. 이제는 인문사회, 경제, 이학, 공학, 예술 등 다양한 방면에 걸쳐 폭 넓은 지식과 식견을 갖춘 인재가 필요하다. 분야전문성과 기술을 갖추는 것은 기본덕목이다. 전체적인 시장을 거시적으로 조망하고 미시적인 해결책을 도출하는 과정에서 나와 다른 이와 협력하고 견해차를 조율할 줄 아는 현명함도 요구된다. [48]

많은 전문가가 4차 산업혁명이 중산층 몰락과 불평등 확산을 초래할 거라고 우려한다. 4차 산업시대 불평등은 단지 경제적 재화나 지식의 소유 규모 차이에서만 비롯되지 않는다. 인터넷으로 초연결된 시대이기 때문에 새로운 정보를 얼마나 개방적으로 수용하는 지도 관건이다. 불평등 모습이 이전과 달리 더 복잡한 양상을 띤다. 기술진보 과실이 고루 나눠지지 않고 승자독식체제로 진행된다면 문제는 더 심각해진다. 혁신적인 기술진보가 사회 총량차원 편익을 제고하더라도 양극화가 심해지기 때문이다. [49] 대다수의 사람은 이런 변화의 예봉을 감내해야 한다. 포용적인 성장모델이 필요한 이유다.

평평하지 못한 사회에서는 나눔 마인드가 중요한 덕목이다. 가속화되는 양극화의 조류 속에서 상대적으로 큰 성공과 부를 거머쥔 이가 노블레스 오블리주(noblesse oblige)를 실천하지 않으면 사회 평화와 공존시스템이 와해될 위기에 놓일 수 있다. 나보다 어려운 이를 배려하고 존중하고 감싸 안는 힘은 전 세계의 구조적인 변화에 공동으로 대응하기 위한 기본 조건이다.

공감과 나눔은 인간의 본능이다. 뇌 안에는 거울뉴런이 있다. 직접 경험하지 않아도 다른 이의 기쁨과 고통에 함께 웃고 울 수 있는 것은 이 거울 뉴런 덕분이다. 이런 점에서 곤궁한 상황에 있는 타인을 돕는 것은 생래적으로 타고난 재능이라고도 할 수 있다. [50] 자신이 고통받을 때 활성화되는 뇌의 변연계 부위는 타인의 고통에 공감할 때도 똑같이 활성화된다. [51] 거울뉴런은 타인의 경험을 마음속으로 재현할 수 있도록 도와주고 다른 이의 선행을 따라 하고 싶도록 만든다. [52] 존경하는 인물이나 신뢰하는 부모가 나눔과 베풂을 앞장서 실천한다면 자녀도 자연스럽게 공감과 배려 메커니즘을 체화하고 따라 하게 된다.

처한 상황이 힘들고 내 앞가림만 하면서 살기에도 버거운 세상에 어떻게 남까지 도와가면서 살 수 있냐며 반문할 수 있다. 그런데 많은 실증연구결과는 일관되게 알려준다. 홀로 자신만 위하며 사는 것보다 공동체 안에서 서로 도우면서 살 때가 더 건강하고 행복하다고 말이다. 혼자 살면 걱정이 적어 더 즐거울 것 같지만 실제는 그렇지 않다. 오히려 어려운 가운데 자기보다 도움이 더 필요한 이를 도우며 살아야 더 잘 산다. 타인을 돕는 행위는 표면적으로는 내 시간과 노력이라는 희생을 필요로 하지만, 궁극적으로는 내 행복과 만족감 수준을 극대화한다.

예일대학 로딘 교수는 요양원 노인을 대상으로 실험했다. 1층에 있던 노인들에게는 여러 가지 일을 스스로 해결하게끔 했다. 1층에 거주하던 노인들은 정원을 돌보고 영화관람 시간을 서로 맞추느라 바쁜 하루를 보냈다. 반면에 2층에 있던 노인들에게는 아무 걱정 없이 오로지 자신에 대해서만 신경 쓰도록 했다. 그런데 1년 반 후에 건강상태를 진단해보니 1층 노인의 93%는 건강이 더 좋아졌다. 복용하던 약과 스트레스 호르몬이 상당히 줄었다. 하지만 2층에 살던 노인들은 71%가 안색이 나빠지고 건강이 더 안 좋아졌다. 자기 건강만 돌보며 2층에 살던 노인의 사망률은 다른 이를 돌보며 분주히 살던 1층 노인의 두 배에 달했다. [53] 남에게 베풀면 자신의 건강으로 돌려받게 된다는 점을 여실히 보여준다.

덴마크, 핀란드, 노르웨이, 스웨덴 같은 노르딕 국가는 공존과 복지라는 개념을 국정운영의 방침으로 삼고 있다. 국가 대원칙에 발맞춰 개인도 협력과 연대를 체화한 것으로 국제적 명성이 높다. 나눔을 몸소 실천하는 선지자 상당수가 북유럽 국가에서 배출되는 것이 의아하지 않은 이유다. 글로벌 기술 분야에서 핵심요소로 자리 잡은 리눅스의 핵심 프로그래밍 코드는 핀란드 헬싱키대학 재학생이었던 리누스 토르발스(Linus Torvalds)가 개발했다. 이 기술을 특허로 등록하면 엄청난 부를 쌓을 수 있었지만 그는 오픈소스로 대중에게 공개했다. 세계에서 가장 많이 쓰이는 관계형 데이터베이스 관리시스템인 마이에스큐엘(MySQL)도 핀란드와 스웨덴 출신 기술자들이 개발해 무료로 공개한 것이다. 자신들이 공들여 개발한 소프트웨어를 일반인들이 무료로 사용할 수 있도록 했지만 관련 기술과 서비스를 제공해 돈을 벌었다. [54] 이는 비영리 혁신 결과가 공익 증진과 더불어 사익을 훼손하는 것이 아니라는 사실을 입증한다.

세상은 홀로 살아갈 수 없다. 제러미 리프킨은 『공감의 시대』에서 우리 정체성은 고립된 섬 상태에서 만들어진 것이 아니라 내 주변에 있는 이들과 끊임없는 교류를 바탕으로 형성된 것임을 강조했다. [55] 결국 내가 '나'라고 인식하는 존재는 내 자유의지로 만들어진 게 아니라 내 주위 다양한 사람과 교류하며 빚어진 것이다. 내가 속해있는 관계적, 시간적, 공간적 제약 조건을 감안하면 100% 자율적인 나만의 정체성을 만드는 것은 불가능하다. 이런 주장을 따르면 개인이라고 인식하는 수많은 존재가 사실은 '우리'라는 범주로 묶을 수 있는 여러 그룹의 교집합이라는 것을 깨닫게 된다.

나는 다양한 '우리'의 일부분이고 많은 개인이 모여 사회를 지탱한다. 따라서 협력과 나눔은 '타인'을 위한 배려임과 동시에 '나'를 위한 실천이다. 협력과 베풂의 이유와 필요성을 인지하지 못한 자녀들에게 부모가 삶 속에서 보여줘야 한다. 자녀는 부모의 그림자다. 부모가 바르게 살면 자녀도 바르게 산다.

공감인의 통찰 : 성실한 노동자 대신 각성한 시민으로

한국정부는 세계시민과 민주시민을 육성하겠다고 표방했다. 그렇다면 과연 시민은 어떤 사람일까? 서울대 사회학과 송호근 교수는 시민 민주주의의 핵심 요건을 세 가지로 제시한다. 먼저 '시민참여'다. 소양을 갖춘 시민이 되려면 1개 이상 시민단체에서 활동해야 한다. 그런데 종교, 동호회를 제외하고 한국인이 순수 시민단체에 가입해 참여하는 비율은 10%도 채 안 된다. 유럽에서는 개인당 평균 2~3개 단체 회원권을 보유하고 있다. 이런 단체는 사회 층위에 따라 구성된 것이 아니다. 직업, 재산, 연령, 학력 고하와 무관하게 모든 이가 평등한 입장에서 자발적으로 참여한다. 관심 있는 주제와 관련해 자신의 의견을 소신 있게 개진하는 장이다.[56]

시민이 되기 위해 두 번째로 필요한 자격은 '시민권'이다. 시민권은 시민으로 당연히 누려야 하는 권리이자 시민이기 때문에 부담해야 하는 책임이다. 시민은 헌법과 법률로 보장되는 다양한 권리를 행사할 수 있다. 그러나 이 권익을 향수하기 위해 노동의 의무를 이행해야 한다. 질서와

안전에 기여해야 한다는 책무도 진다. [57]

'시민윤리'는 시민으로 완성되는 마지막 요소다. 시민윤리는 공동체의 일원으로 공익증진을 위해 헌신하며 타인을 존중하는 마음가짐이다. 이 덕목은 도덕적 가치판단이 필요한 상황에서 더욱 요구된다. 승자독식 구조가 공고해지기에 오늘날에는 재화와 자본 분배가 더욱 첨예한 갈등을 초래한다. 시민윤리가 결핍된 사회는 국가가 강제력을 행사해 일방적으로 부와 편익을 나눈다. 그러나 시민참여와 시민권이 잘 보장된 사회는 고도로 발달한 시민윤리를 근간으로 대화와 합의를 통해 부를 재분배한다. [58]

우리가 각성한 시민으로 제 역할을 하려면 사회 전체 신뢰 수준이 높아야 한다. 신뢰는 사회적 자본으로도 불린다. 상호 믿음은 사회가 잘 굴러가도록 도와주는 윤활유 같은 무형 자산이기 때문이다. 안타깝게도 오늘날 사회적 자본은 빠른 속도로 고갈되고 있다. 특권층이 권력, 재화, 사회 편익을 독점한 불공정한 사회라는 위기의식이 팽배하다.

인터넷 발달로 사회가 보다 투명해진 지금은 정의와 공정에 대한 기대 수준과 민감도가 높다. 예전에는 당연하게 받아들였던 불평등한 상황이 더 이상 용인되지 않는다. 공적 지위를 사익화하거나 정당하지 못한 방법으로 부를 축적하는 것을 감내할 사람은 없다. 언론에 노출되는 사회 특권층의 비도덕적 면모는 공분을 사지만 사회지도층의 소시민적 삶은 시민 지지를 얻는다.

북유럽 정치인 중에는 생계를 유지하기 위해 어부로 살고 있는 이가 있다. 의아해하는 한국 기자에게 그 정치인은 봉사하는 마음으로 봉직하는 것이고 먹고살기 위해서는 물고기를 잡아야 한다며 당연하다는 듯이 응대했다. 독일의 여성 총리는 저녁에 장바구니를 들고 직접 장을 본다. 영국 총리 부인은 260만 원짜리 중고차를 구입하기 위해 중고시장을 돌아다닌다. [59] 가진 자가 군림하기보다 일반 시민과 비슷하게 산다. 이렇게 지위고하를 막론하고 원칙과 상식이 통하는 사회에서는 사회적 자본이 고갈되지 않는다.

그러나 권력과 부를 지닌 자의 도덕적 수준이 만족스럽지 못하더라도 시민으로 역할까지 포기할 수는 없다. 존 스튜어트 밀은 『자유론』에서 "평범한 사람들이 움직이는 정부는 평범한 정부가 되는 것을 피할 길이 없다."라고 일침을 가했다. [60] 나부터 정의, 평등 같은 인류 보편적인 가치와 규범을 내재화하기 위해 노력하면 타인을, 사회를, 전 세계를 변화시킬 수 있다. 미성숙한 포도 알은 먼저 성숙해진 포도 알의 영향을 받아 익어간다. 먼저 익기 시작한 포도가 발산하는 효소와 파장, 향이 다른 포도에게 전달되는 것이다. 옆에 있는 포도 알이 익지 않는다고 원망하고 불평하기보다 내가 먼저 성숙해지면 된다. 그러면 내 앞 가족이, 내 옆 이웃이, 내 곁 동료가 변한다.

이처럼 권리와 의무를 민감하게 인식하고 솔선수범해 실천하면 세상에 선한 영향력을 미치게 된다. 우리는 지역과 세계 공동체 일에 발 벗고

나서는 한편 자신의 언행에 당당하게 책임지는 '적극적 시민'이 되어야 한다. [61] 적극적 시민은 평화와 공존을 위해 다양한 가치관과 삶의 양식을 수용한다. 자신의 자유와 타인의 권리 사이에서 현명한 균형을 잡는다. 이런 시민이 되기 위해서는 연습이 필요하다. 연대를 근간으로 한 공동체적인 삶은 사회적·경제적 계층과 상관없이 인간의 존엄성을 존중할 때 가능하다. 직업의 귀천에 대한 고정관념으로부터 자유로워질 것을 요구한다. 적극적 시민은 소유한 재화로 자신을 입증하지 않는다. 오히려 내재적 가치와 품격으로 가치를 증명할 수 있는 사회를 만들기 위해 노력한다.

책임 있는 시민이 되려면 갖춰야 하는 요소가 제법 많다. 더불어 사는 국제화를 온몸으로 거부하기보다 내실을 다진 지방화를 통해 더 넓은 세계와 소통하고자 한다. 불의를 보면 분노하고 세상을 더 나은 곳으로 만들기 위해 사회적 약자에게 발판을 건넨다. 내 가족, 지역사회, 국가의 배타적 이익만 추구하지 않는다. 내가 속한 울타리 너머 전 세계인의 공동 번영을 위해 노력한다. 지구촌 다양한 생물종과의 공존을 도모하는 건강한 인식을 겸비한다. [62]

성실한 노동자가 성장을 견인하던 시대는 지났다. 이미 전 세계적으로 인류가 배불리 먹을 수 있을 만큼 충분한 자원이 있다. 중요한 것은 이것을 어떻게 공평하게 나눌 것인가이다. 공정한 재분배에 기여할 수 있는 각성한 시민이 되어야 한다. 각성된 시민은 어느 날 갑자기 만들어지는 것이 아니다. 어릴 때부터 집안에서 한 개인으로 존중받고 가족의 일원으로 책임감을 갖고 매사에 임하는 연습이 필요하다. 자녀를 보호해야 하는 존재로만 대하지 말자. 성숙한 인격체로 존중하고 자녀가 스스로 본인의 일을 헤쳐 나갈 수 있도록 힘을 실어주자. 민주시민으로, 세계시민으로 살아가기 위해 필요한 가치관과 신념, 소양을 심어주자.

공감인의 배움 비법: '넛지'하라

배운다는 것은 내 삶의 주인공이 되어 내가 사는 세상을 좀 더 깊이 이해하기 위해 노력하는 것이다. 물론 공부를 한다고 삶이 갑자기 완벽해지지는 않는다. 완벽한 삶이란 없다. 화려해 보이기만 하는 다른 이의 삶도 가까이에서 보면 상처투성이인 경우가 많다. 멀리서 멋져 보이는 산이 가까이에서 보면 생채기가 가득한 나무들로 즐비한 것과 같다. 하지만 배움은 내 인생의 불완전함을 그대로 품는 지혜를 선사한다. 부족하면 아쉬운 대로 넘치면 기뻐하며 다양한 생애를 그대로 받아들이게 된다. 배움이 깊어갈수록 내가 모르는 것이 많다는 사실을 깨닫고 더 겸허해진다. 계급장 떼고 사람을 그 자체로 바라보는 힘이 생긴다. 느리게 걷는 이와 보폭 맞춰 걸을 여유가 생긴다.

배움을 통해 이런 혜안을 얻게 된 호모 엠파티쿠스 부모는 자녀에게도 이런 배움의 즐거움을 선사하고 싶어 한다. 하지만 절대로 강요하지 않는다. 아이가 자신 눈높이에서 배움을 즐기기를 바라기 때문이다. 삶에 의욕이 없는 이가 많다. 인생 목표가 없기 때문이다. 어떻게 살겠노라는 지향점이 없으니 그냥 되는대로 살아간다. 찰나적인 흥미와 쾌락만 추구한다. 그러나 인생의 큰 목표를 세우면 달라진다. 목표를 달성하기 위해 자발적으로 배움의 과정에 동참하게 된다. 학습이 비단 주지적인 공부에만 국한되지 않는다. 재능 있는 분야에서 실력을 쌓는 모든 것이 다 배우는 과정이다. 따라서 인생 목표가 무엇인지에 따라 공부 방향과 중점분야, 배우는 방법과 전략이 달라져야 한다.

이런 점을 잘 알고 있는 호모 엠파티쿠스 부모는 자녀가 스스로 인생계획과 공부계획을 세우도록 돕는다. 부모가 직접 나서면 반감을 사거나 잔소리로 받아들여진다는 것을 알기에 전면에 나서는 우를 범하지 않는다. 배움 계획표를 직접 짜주지 않는다. 대신 옆에서 살짝 옆구리를 찌르는 넛지(nudge)식 전략을 쓴다. 타이거 우즈 아버지도 이런 전략을 사용했다. 한동안 슬럼프에 시달렸지만 타이거 우즈는 2018년에 미국프로골프(PGA)에서 우승을 차지하면서 PGA 통산 80승을 달성했다. 아들의 골프 재능을 알아본 아버지는 아들에게 골프를 가르치려고 마흔두 살에 처음으로 골프를 배웠다. 아들에게 강제로 골프를 치게 하지 않았다. 본인이 먼저 치면서 옆에서 지켜보던 타이거 우즈가 즐겁게 골프를 하고 싶게끔 유도했다. [63]

삶의 큰 줄기를 세울 때는 시간전망을 길게 해 생의 마지막 날부터 역순으로 큰 이정표가 될 만한 목표를 정하는 것이 좋다. 하지만 목표를 거의 세워본 적이 없다면 의욕을 인수분해하자. [64] 큰 성과를 내겠다는 야심을 잠시 내려놓고 인수분해를 하듯이 하위 목표로 세분화하는 것이다. 성취하는 데 긴 시간이 걸리는 큰 목표는 좌절을 유발할 수 있다. 너무 먼 목표보다는 짧은 시간 안에 이룰 수 있는 작은 목표를 여럿 세우며 시작하기를 권한다.

뭔가를 성취했을 때마다 우리 뇌에서는 세로토닌이 다량 분비된다. 세로토닌은 우리를 행복하게 해주고 새로운 것에 또다시 도전하도록 동기를 유발한다. 그런데 목표가 너무 커 한참 후에나 성과를 얻을 수 있다면 세로토닌이 주는 기쁨을 자주 맛볼 수 없다. 의욕을 지속적으로 유지하기 위해서는 배움 과정을 더 세밀하게 나눠서 매일 매 순간 세로토닌이 분비될 수 있도록 하는 게 바람직하다.

무리한 계획은 지키기 어렵다. 하루 이틀은 무리해서 해내더라도 꾸준히 달성하기가 어렵다. 그래서 도전적인 목표보다는 정해진 시간 안에 80% 정도만 달성 가능한 수준으로 정하는 게 낫다. 이런 점에서 공부시간을 정하기보다 매일 학습 분량을 미션으로 하는 것이 현명하다. 하지만 일주일 내내 빈틈없이 꽉 짠 계획표로 보내다 보면 목표량을 달성하지 못하는 경우에 계획을 아예 포기해버릴 수 있다. 일주일에 하루 정도는 미처 다 끝내지 못한 것을 정리하는 딜레이 처리일로 남겨둬야 하는 이유다. [65]

184

부모 혁명

동기부여도 호모 엠파티쿠스 부모가 중요시하는 대목이다. 진학전문 상담가인 최강희는 청소년 라이프코칭 스튜디오를 운영하면서 1,000명이 넘는 학생을 지도한 결과 동기부여에 탁월한 아버지를 둔 자녀의 성취도가 뛰어나다는 것을 발견했다. [66] 동기부여가 잘된 학생은 장래 희망도 매우 구체적으로 정하고 목표를 달성하기 위해 꽤 진지하게 공부했다. 이런 학생의 부모는 자녀가 기대하는 성취를 보이지 않는다고 다그치며 본인이 직접 나서서 정답을 알려주지 않았다. 자녀가 직접 문제를 해결하며 지적 희열을 느낄 수 있도록 끈기 있게 기다려줬다.

한가람고등학교 이옥식 전 교장은 학생이 궁금해 하는 수학문제를 풀기 위해 점심도 거른 채 끙끙대며 무려 4시간에 걸쳐 풀어낸 선생님의 사례를 소개한다. 이 문제를 질문한 학생은 평소에 어려운 수학문제 풀이를 즐겼다. 그런데 이 학생은 중학교 시절 잘 풀리지 않은 문제를 교사에게 질문했다가 선생님을 테스트한다는 오해를 사고 심한 질책을 받아 등교거부까지 하는 아픔을 안고 있었다. 하지만 고등학교에서 자신의 수학적 열정을 이해해주고 이 리듬에 동참해주는 선생님을 만난 덕분에 즐겁게 학창 시절을 보낼 수 있었다. [67]

아이의 배움 속도에 맞춰 적절한 속도로 이끌어주고 기다려주는 부모와 교사가 있는 경우에 자녀의 공부는 상승세를 타게 된다. 그렇지 못한 경우에는 갈등이 불가피하다. 교육방식과 관련한 의견차이로 부부간 갈등이 점화되는 경우도 많다. 사교육 1번지 목동에 사는 한 변호사 아버지와 대화를 나눈 적이 있다. 초등학생 고학년과 중학생 자녀 둘을 두고 있는데 둘 다 학원 다니고 숙제하다가 새벽 1시에 잔다는 것이다. 아이들 학습량이 지나친 것 같아 학원을 줄이고 싶지만 부인과 의견차가 심하다고 했다. 지방에 내려가서 살고 싶기도 한데 아이들 교육 때문에 완강히 반대하는 부인 때문에 감행하지 못하고 있다고 토로했다.

10년 전 내 모습이 떠오른다. 한자시험이 바로 다음 날이었는데 못 외우는 큰아이를 이해하지 못했다. 초등학교 1학년에 불과한 아이에게 호통을 쳐가며 자정이 넘은 시간까지 밤새 외우도록 했다. 그리고 다음 날 딸이 받아온 100점 시험지에 매우 흐뭇해했다. 얼굴이 후끈거리는 초보 엄마의 흑역사다. 당시에는 아이의 성적표가 내 성적표처럼 여겨졌다. 어리석었다.

엄마 18년차에 접어든 지금은 아이가 원하지 않는 공부를 강요하지 않는다. 하지만 부모의 강요로 시작된 공부가 뒤늦게 자녀의 관심사로 발전하기도 한다. 내게는 영어가 그랬다. 아버지의 반강제로 당시에는 파격적으로 이른 나이인 초등학교 6학년에 영어공부를 시작했다. 아버지가 공부하셨던 『알기 쉬운 삼위일체』라는 오래된 문법책으로 영어를 공부하니 전혀 즐겁지 않았다. 하지만 억지로 한 공부가 헛되지는 않아 실력이 차곡차곡 쌓였다. 영어를 잘하게 되면서 어느 순간 진짜로 영어가 좋아졌다.

부모 혁명

그래서 부모는 극성과 열성 사이의 지혜로운 균형 잡기가 필요하다. 자녀 교육에 관심을 갖는 것은 부모의 당연한 의무이자 권리다. 아이 관심분야를 눈여겨보고 지원하는 열성은 반드시 필요하다. 아이는 전혀 관심이 없는데 부모가 필요하다고 판단해서 자녀 의사에 반해서 끌고 가는 것은 극성이다. 아슬아슬한 경계선에 있는 열성과 극성을 가르는 구분선은 아이가 원하는지 여부다. 호모 엠파티쿠스 부모는 열성이 극성으로 그 경계를 넘지 않도록 밸런스 경영에 성공한 자이다.

깊은 내면을 지닌 사람은 자기 마음이라는 씨줄 위에 타인 마음이라는 날줄을 잘 맞이할 줄 안다. 자존감이 높으면 씨줄과 날줄 간에 적당한 거리를 유지해 통풍이 잘 되도록 한다.

경제인의 통찰　만들어가는 미래 성공 공식

경제인의 배움 비법　時테크하라

IV

경제인,
호모 이코노미쿠스

Homo Economicus

부 자 를 꿈 꾸 라

VI

경제의
스토리텔링

Homo Economicus

1. 누구나 언제든 부자가 될 수 있는 시대

1차 산업혁명은 물과 증기를 통해 생산을 기계화했다. 2차 산업혁명은 전기를 활용해 대량생산의 길을 열었다. 3차 산업혁명은 정보기술을 이용해 생산을 자동화했다. 디지털 혁명을 토대로 한 지금은 4차 산업혁명 시대다. 클라우스 슈밥(Klaus Schwab) 세계경제포럼 회장은 '물리학과 디지털, 생물학 사이에 놓인 경계를 허무는 기술적 융합'을 4차 산업혁명의 특징으로 주목한다.[1] 정보인프라로 이뤄진 비트산업과 제조업 아톰산업이 만나 인간 세계의 근본적인 변혁을 이끌고 있다. 이전 혁명과 비교도 안될 만큼 빠른 속도로 전 방위적으로 우리 삶에 침투하고 있다.

이번 4차 혁명은 제품생산부터 성과관리까지 시스템 전반에 걸친 변화를 초래하고 있다. 모바일로 연결된 수십억 세계인 정보가 누적된 빅데이터가 3D 프린팅, 나노기술, 인공지능, 로봇공학, 사물인터넷과 맞물려 다양한 분야에서 대변혁이 진행 중이다. 기술혁명 덕분에 거래비용이 낮아졌고 공급체인은 더 효율적으로 운영된다. 변화하는 경제법칙 비밀을 빠르게 터득하면 새로운 부자의 반열에 오를 수 있다. 노력하지 않는 사람은 이 기회를 잡을 수 없다. 노력한다고 다 성공하는 것은 물론 아니다. 하지만 성공확률이 낮다고 가만히 있다 보면 경제적 위치가 점점 낮아진다. 변화 물결에 올라타지 않으면 뒤처진다. 경제를 이해할 수 있도록 금융과 부의 지능을 키워 호모 이코노미쿠스(homo economicus)가 되어야 하는 이유다.

톨스토이는 가난의 고통을 없애는 방법은 두 가지라고 이야기했다. 재산을 늘리거나 욕망을 줄이는 것이다. [2] 재산을 늘리는 것은 우리 힘으로 해결할 수 없지만 욕망을 줄이는 것은 우리 마음먹기에 달려 있다고 했다. 욕망을 줄여 가난을 불편해하지 않으며 사는 것도 나쁘지 않다. 미니멀리즘을 실천하다 보면 생태계를 보존하면서 자연친화적 삶을 살 수 있다. 그러나 좀 더 꿈을 크게 갖고 부자가 되면 더 멋진 삶을 살게 된다. 부자가 되는 것은 어렵다. 많은 노력을 해야 하고 부자의 궤도에 오르기 전까지 잠시의 한가한 여유도 누리기 어렵다. 그럼에도 부자가 되면 많은 일을 할 수 있다. 부자는 다른 이에게 경제적으로 도움을 주고 더 공평한 세상을 만들 수 있다. 가슴 뛰는 일을 많이 할 수 있고 역동적으로 살 수 있다.

부자가 다른 사람을 속여 필요 이상의 부를 축적하는 '나쁜 사람'이라고 인식하는 사람도 있다. 그러나 자신이 이룬 것을 함께 나누는 선량한 기업인도 많다. 열여덟 살에 점원으로 사회생활을 시작해 마흔 일곱에 코스트코(Costco)를 창설한 짐 시네갈(James Sinegal)도 존경받는 기업인이다. 코스트코는 전 세계 720여개 지점에서 3,500억 달러 매출을 올리고 있는 최상위 글로벌 기업이다. 30년 가까이 코스트코 최고경영자를 역임한 후 은퇴할 당시 그가 받았던 연봉은 32만 5,000달러였다. 한화로 3억 6천만 원 정도다. 코스트코 최상위 임직원이 받는 돈은 일반 직원의 여덟 배가 채 되지 않는다.[3] 55만 명이 넘게 일하고 있는 아마존(Amazon)과 비교해보면 이 차이는 극명하다. 아마존 평균 임금은 2만 8,000달러다. 하지만 모든 직원이 같은 수준 연봉을 받는다면 직원 1명당 140만 달러를 받아야 한다.

이렇게 불평등이 초래되는 것은 제프 베조스(Jeffrey Bezos) 최고경영자를 비롯한 상위 1%가 아마존 전체 부의 80%를 독점하고 전체 근로자 대다수를 차지하는 물류 담당 직원은 낮은 임금을 받기 때문이다.[4] 이윤극대화를 통해 벌어들이는 수익을 능력에 따라 매우 불평등하게 배분하는 것을 당연하게 받아들이는 자본주의 사회에서 코스트코의 경영방침은 눈여겨볼 만하다. 코스트코는 소비자가 납득할 만한 합리적인 가격을 책정해 돈을 적당히 벌고 이 수익을 모든 직원이 만족할 수 있는 수준으로 나눈다.

시애틀에서 카드결제 시스템인 그래비티 페이먼츠(Gravity Payments)를 운영하는 댄 프라이스(Dan Price)도 멋진 CEO다. 그는 110만 달러 연봉을 받다 2015년에 7만 달러로 하향 조정했다. 7만 달러 연봉이 행복을 가장 높여준다고 한 노벨경제학상 수상자 대니얼 카너먼(Daniel Kahneman) 프린스턴대 교수 의견을 따른 것이다. 그는 직원의 최소 연봉도 7만 달러로 높이겠다고 공언했다. 현대판 로빈 후드 프라이스의 선언 후에 우수 인력이 대거 몰렸다. 전직 야후 임원도 이제는 돈 대신 '재미있고 의미 있는' 일을 해보고 싶다고 이 회사에 합류했다. 지금 이 회사의 평균 연봉은 10만 3,000달러다. [5] 실리콘밸리 기업과 비슷한 수준이다.

오마하의 현인 워런 버핏은 재산은 자신이 스스로 땀 흘려 모은 것이니 독점해야 한다고 생각하는 부자 마인드에 일격을 가한다. 부자가 되기 위해서는 재능과 노력이 물론 필요하다. 하지만 많은 부자가 사회 혜택의 덕을 톡톡히 봤다. 버핏은 자신은 자본을 적절하게 배정해서 투자하는 능력을 갖고 있었는데, 운이 좋아 이런 능력이 인정받는 '적당한 시기'와 '적합한 지역'에서 태어났다고 말했다. 그가 태어난 미국이라는 사회는 그의 재능을 높이 평가하고 훌륭한 교육으로 능력을 더 계발할 수 있도록 해줬다. 미국정부는 법률과 금융제도로 그가 좋아하는 일을 마음 껏 할 수 있도록 뒷받침까지 해줬고 그 결과 그는 많은 돈을 벌 수 있었다. 그는 이 모든 것에 보답하고자 그가 할 수 있는 최소한의 도리를 다하고자 한다는 것이다. 그는 고소득자에게 주는 감세혜택을 강도 높게 비판한다. '2000년도 올림픽 경기 수상자 자녀만으로 2020년도 올림픽

경기 선수단을 구성하겠다.'라는 생각과 다를 바가 없다며 유산세 폐지정책이 잘못된 것임을 밝혔다. [6]

역사상 노블레스 오블리주를 실천하는 이를 찾는 것은 어렵지 않다. 1815년 벨기에 남쪽 워털루에서 나폴레옹이 이끄는 프랑스군과 웰링턴 장군이 이끄는 영국군 사이에 전투가 벌어졌다. 사망자 출신을 분석하니 흥미로운 결과가 도출됐다. 15,000명 영국 사망자 중에는 명문학교인 이튼스쿨 졸업자가 많았다. 반면에 4만여 명 프랑스 전사자는 대부분 평민 출신이었다. 이 전투에서 영국군은 수적인 열세를 딛고 프랑스군을 이겼다. 전투에 참여하며 솔선수범하는 영국 지도층의 리더십이 평민이 죽음을 각오하고 전투에 임하게 한 것이다. [7] 사회 구성원이 서로를 인정하고 존중하는 사회는 건강하다. 연대의식이 강한 사회는 번영한다.

진정한 부자는 이처럼 자신의 이익과 편익만을 앞세우지 않는다. 나와 함께 살아가는 다른 이의 보편적인 공익과 다음세대가 누려야 할 복지까지 염두에 둔다. 부자가 얼마나 멋진 일들을 해내는지 살펴봤으니, 이제 어떻게 하면 부자가 될 수 있는지 알아보자. 부자가 되기 위해서는 부자의 삶을 살펴보고 노하우를 따라 하면 된다. 말은 쉽다. 언제나 그렇듯이 실천은 말만큼 쉽지 않다.

현대 사회에서 부자가 되는 길은 크게 세 가지다. 첫 번째는 집안에서 부를 물려받는 것이다. 대부분 사람은 여기에 속하지 않으니 더 이상 거론하지 않겠다. 두 번째는 금융, 동산, 부동산 등에 투자를 하는 경우다. 그동안 한국의 많은 부자가 아파트 투자, 경매, 주식을 통해 부를 쌓았다. 햄버거회사로 알고 있는 맥도날드도 사실은 부동산회사다. 우리나라 사람은 여러 투자 중 부동산 갭 투자에 집중하는 경향이 있다. 투기와 투자의 아슬아슬한 경계선에서 자신만의 부의 철학도 필요하다. 주식투자처럼 기업에 자본을 제공하고 회사 성장에 동참하는 자본가가 될 수도 있다. 공격적인 투자자처럼 보이는 투기자와 맞서 싸우려면 금융과 부의 원리를 공부해야 한다.

세 번째는 뛰어난 아이디어로 창업을 하거나 특허, 실용신안과 같은 지적재산권을 기반으로 성공을 이루는 방법이다. 요즘에는 자신만의 전문성을 바탕으로 스타트업계에 뛰어드는 것이 관심을 받고 있다. 기존시장이 거인들로 이미 포화상태라고 겁먹을 필요는 없다. 영리한 후발주자가 파고들어갈 틈새는 얼마든지 있다. 기술력을 바탕으로 새로운 니즈를 창출하면 된다. 첨단기술에 익숙하지 않다면 알고리즘화가 쉽지 않은 창의적인 분야에서 경쟁력을 발휘하고 필요할 때 기술 전문가와 협업하면 된다.

앞으로 경제에서는 자본이 실물자산보다 더 큰 비중을 차지하게 된다. 사실 고대부터 지금까지 자본수익률은 늘 실물경제성장률을 상회했다.[8] IMF 시절 핫머니로 경제적 타격을 겪었던 우리 입장에서 자본의 힘이

커지는 것이 마냥 반갑지만은 않을 수 있다. 경제구조가 취약한 상태에서 금융자본의 급격한 이동은 심각한 경제위기를 초래한다는 것을 몸소 체험했기 때문이다. 하지만 실물자본보다 유동성이 큰 금융자본이 그동안 경제발전에 기여해온 것은 부인할 수 없다. 금융을 통해 부자가 되고 싶다면 자본의 이런 기본속성을 숙지해야 한다.

파리경제대학 토마 피케티(Thomas Piketty) 교수는 21세기 후반에 세계 실물경제성장률은 1.5% 대에 머무르는데 반해 자본수익률은 4~5%대를 유지해 산업혁명 시대에 맞먹는 수준의 성장률 격차를 보이게 될 거라고 전망했다. 21세기 글로벌 부의 불평등은 이게 전부가 아니다. 당연한 이야기지만 자본을 더 많이 가지면 평균수익률이 훨씬 높아지는 '규모의 경제'를 구현하게 된다. 평균 자본수익률이 4%라고 할 때 부유한 사람은 6~7%의 수익을 거두고 덜 부유한 사람은 2~3%의 수익률만 얻게 된다. [9] 100억 원을 갖고 있는 사람과 1억 원을 갖고 있는 사람은 투자에 대해 접근하는 방식이 다르다. 전자의 경우 후자에 비해 상당한 예비자금이 있기에 위험을 감수할 수 있는 여지가 커진다. 고위험 고수익 상품에 투자할 배짱이 생긴다. 자산관리자와 금융전문가를 고용해 보다 체계적으로 돈을 굴릴 수도 있다.

자본의 변형된 형태라 할 수 있는 컴퓨터와 각종 소프트웨어가 노동력을 대체하는 속도도 빨라질 것이다. 이런 변화를 잘 활용해 새로운 부가 가치를 제공할 수 있는 아이디어를 내면 엄청난 부를 이루게 된다. 그러나 기술력과 정보력을 갖췄다고 해도 냉엄한 시장에서 신상품으로 성공할 확률이 높지는 않다. 기라성 같은 야구선수도 타석에 10번 나오면 많아야 4번 정도 안타나 홈런을 쳤다. 그나마 프로야구 선수 기량이 상향평준화된 요즘은 평균이 2할 정도다. 스타트업계도 비슷하다. 잘 나가는 스타트업도 열 개 정도 상품을 출시하면 다 망하고 한 개 정도가 대박을 친다.[10] 완벽한 기획을 한다고 꼼지락대면서 시간을 끌면 이미 비슷한 제품이 나와 있다. 시제품에 대한 고객 반응을 빨리 시험해보고 안되면 다음 아이디어로 넘어가야 한다. 잔인하기까지 한 무한경쟁 1라운드에서 패배했다고 울적해할 시간이 없다. 잠시 숨을 고르며 다음 라운드를 준비해야 한다.

본인만의 아이디어가 없다면 혁신적인 아이템을 갖춘 우량기업의 일원으로 동참하면 된다. 기업을 보는 안목을 키워 성장가능성 높은 회사의 주식을 사두면 된다. 로봇과 인공지능이 강력해진다고 해도 실제 돈을 버는 건 이 하드웨어와 소프트웨어를 개발하고 제품화해 시장에 내놓은 기업이다. 세계 바둑랭킹 1위 커제를 꺾은 인공지능 알파고(AlphaGo)가 가져가는 돈은 단 한 푼도 없다. 크라우드 펀딩 플랫폼인 킥스타터(Kickstarter)나 인디고고(Indiegogo)를 통해 성장 잠재력이 있는 사업 아이템에 투자하는 것도 요즘 각광받고 있다.

20% 인구가 전체 부의 80%를 갖고 있다는 파레토법칙은 아직도 대체로 유효하다. 일부 영역에서는 오히려 더 심화되고 있다. 하지만 다른 시나리오도 있다. 검색과 거래 비용이 제로에 가까운 인터넷 상에서는 일부 소수가 핵심집단이 아니다. 롱테일인 '긴 꼬리'를 차지하는 이름 없는 다수가 만들어내는 경제 효과가 더 크다. 인터넷망에서는 노동, 자본, 콘텐츠가 다양하게 결합한다. 이렇게 가치사슬 분화가 진행 중인 온라인 장소에 낮아진 진입장벽 덕분에 소규모 참여자가 대거 진출했다. 이는 다시 비용과 수익 구조의 끊임없는 재편으로 이어지고 있다.

더 중요한 사실은 내가 앉아 있는 자리가 고정석이 아니라는 점이다. 잘나가던 사업가도 시대를 잘못 만나거나 판단착오로 모든 것을 잃으면 처음부터 다시 시작해야 한다. 긴 꼬리 안에서 존재감 없이 지내다가 패자부활전에서 성공해 갑자기 부자가 되기도 한다. 앞으로 내가 어떤 층위에 존재하게 될지 알 수 없다. 워런 버핏이 강조했듯이 부자가 되는 것은 본인의 노력이라는 상수 외에 외부환경이라는 통제할 수 없는 무수한 변수의 영향을 받기 때문이다.

그렇기 때문에 우리가 부자가 되었을 때는 사회구조적으로 도움을 받지 못하는 이를 품는 포용력을 발휘해야 한다. 그들은 '노력'이라는 상수를 대입했는데도 '운'이라는 변수를 만나지 못해 성공방정식 대신에 실패방정식을 풀게 된 경우이기 때문이다. 반대의 경우도 생각해볼 수 있다. 내가 수많은 도전에서 고전을 면치 못하더라도 성공을 거둬 부를 누리는 이를 질시하지 말자. 잠 줄이고 개인 시간을 희생해가며 일한 그들의 헌신 덕분에 새로운 일자리가 생겼고 사회 전체적인 효용도 증가했다.

금융과 부의 IQ를 키워서 부자가 되도록 노력하자. 하지만 부자가 되지 못했다고 해서 공동체 내의 부자를 무시하는 어리석은 이는 되지 말자. 서로 존중하고 감사하는 집단은 내부 균열이 쉽사리 생기지 않는다. 갈등이 생겨도 그 상처가 지속적인 대화를 통해 잘 봉합된다. 지혜로운 부자와 부자가능성을 품은 이가 만들어낼 조화로운 사회를 꿈꿔본다.

2. 일의 미래가 곧 우리의 미래다

호모 이코노미쿠스로 살아가려면 일자리의 미래를 살펴볼 필요가 있다. 정보통신기술이 설계, 제조, 유통 전 과정에 투입되어 급격한 변화가 진행 중인 제조업분야를 먼저 들여다보자. 그동안 중국과 동남아는 저렴한 인건비를 무기로 전 세계의 공장 역할을 해왔다. 그러나 제품을 생산하는 전 과정이 무선통신으로 연결되는 스마트 팩토리가 도입되면서 상황이 역전되고 있다. 인건비 부담을 던 선진국이 자동화 생산설비를 자국으로 이전하는 '제조업의 귀환'을 진행하고 있기 때문이다. 아디다스(Adidas)는 독일 본사 인근 안스바흐(Ansbach)에 100% 자동 로봇공정이 도입된 제조공장을 만들었다. 예전에는 중국과 베트남에서 만들어져 유럽시장까지 무려 1년 반에 걸쳐 이송되던 아디다스는 이제 며칠이나 몇 주만에 디자인에서 발송까지 마친다. 연 50만 켤레 운동화를 생산하기 위해 더 이상 600명이나 필요하지 않다. 단 10명이면 충분하다. 매일 24시간 쉬지 않고 야근수당을 요구하지도 않는 기특한 로봇이 쉬지 않고 신발을 만들어내고 있기 때문이다. [11]

스마트 팩토리가 초래한 결과는 이게 전부가 아니다. 오토바이 좀 탄다는 뭇 남성들의 로망인 할리 데이비슨(Harley-Davidson) 일부 모델은 온디맨드(on demand) 제품으로 유명하다. 고객은 온라인으로 자신만의 맞춤형 바이크를 설계하고 주문한다. 제조가 시작되기 전에는 부품 디자인과 이름을 바꾸는 것이 가능하다. 예전에는 3주가 걸렸던 제조공정이 이제는 6시간 만에 완료된다.[12] 이런 수요맞춤형 경제는 이제 점차 대세로 정착하고 있다. 기업에서 내놓는 정형화된 제품으로 다양한 고객의 마음을 사로잡기에는 한계에 다다랐기 때문이다.

제조업체뿐만이 아니다. 서비스업종도 이제 수요가 공급을 창출하는 식의 트렌드 변화가 진행 중이다. 1920년대에 미국의 재즈 공연장에서 수요가 있을 때만 연주자를 섭외해 공연을 펼쳤던 데서 유래한 긱 워크(gig work)는 이제 흔히 볼 수 있는 형태가 되었다. 온라인 플랫폼을 기반으로 고객의 수요가 있을 때 서비스를 공급하는 것은 이제 전혀 낯설지 않다. 우버(Uber), 리프트(Lyft), 집(Zip), 사이드카(Sidecar)같은 개인 주문형 교통서비스가 대표적이다. 우버의 큰 성공에 힘입은 이 플랫폼 모델은 다른 산업 분야에도 확산 중이다. 꽃을 위한 우버형 기업인 플로리스트나우(Florist Now)를 비롯해, 세탁소, 잔디 깎기, 기술지원, 의사왕진 요청에 합법적인 마리화나 배달을 위한 기업까지 있다.[13] 플랫폼과 같은 네트워크 경제는 전통 제조업처럼 많은 물적 인적 자본을 필요로 하지 않는다. 사진 공유 플랫폼인 인스타그램(Instagram)이 창업 1년 만에 7억

5,000만 달러에 팔렸던 즈음에 사진의 대명사 코닥(Kodak)이 파산했다. 코닥은 전성기에 인스타그램 창립멤버 14명의 1만 배가 넘는 14만5,000명을 고용하고 수십 억 달러 자본을 보유했던 기업이었다. [14)

기업 성장이 역설적으로 전체 일자리 규모를 줄이기도 한다. 아마존은 2014년 일리노이 주에서 약 20억 달러어치 물건을 팔았지만 일리노이 지역인재는 단 한 명도 고용하지 않았다. [15) 미국 전체로 보면 상황이 더 심각해진다. 2015년에 아마존은 15만 명 가까이 고용했다. 하지만 두 배인 약 30만 명이 아마존 영향으로 일자리를 잃었다. 아마존의 급부상이 모든 이를 울상 짓게 만든 것은 아니다. '무릇 있는 자는 더욱 받아 풍족하게 되고, 없는 자는 있는 것까지도 빼앗기리라'는 부의 마태효과가 이번에도 입증되었기 때문이다. 많은 사람이 갑자기 실업자로 전락해 울상을 짓는 동안, 아마존 주식을 사놓은 주주는 연일 오르는 아마존 주가 덕분에 지갑이 두둑해졌다. 파이낸셜 타임스의 마틴 울프(Martin Wolf) 논설위원도 기술진보는 양극화를 심화시킬 것이라고 전망한다. [16) 산업혁명이 수백만 개의 일자리를 파괴하고 불평등 추세를 악화시켰던 것과 같다.

한국은 이런 변화의 타격을 더욱 세게 맞게 될 것으로 보인다. 보스턴컨설팅그룹은 제조공정 중 로봇이 수행하는 과정이 현재 15% 수준에서 2025년에는 35%까지 늘어날 것이라고 기대했다. [17) 특히 한국은 산업용 로봇 채택에 가장 적극적인 나라가 될 거라고 전망하고 있다. 제조업 분야에서 노동력 5명 중 2명이 로봇으로 교체될 예정이고 이로 인해 인건비는 지금의 3분의 1 수준으로 절감될 거라고 예측한다. 국제로봇협회도 한국이 세계에서 로봇밀도가 가장 높은 나라라고 분석한 바가 있다. 2014년을 기준으로 노동자 1명당 산업용 로봇이 한국에는 세계 평균의 일곱 배 수준인 478대가 있다는 것이다. [18]

우리나라 부모도 이런 변화상에 대해 누구보다도 잘 깨닫고 있다. 한국언론진흥재단 미디어연구센터에서 2017년에 산업혁명에 대한 국민 인식을 조사한 적이 있다. 20~50대 성인남녀 1,041명을 대상으로 실시했는데 참여자 10명 중 9명 이상이 이미 4차 산업혁명에 관심이 있다고 응답했다. 응답자는 4차 산업혁명이라는 단어를 인공지능, 로봇으로 인한 일자리 감소처럼 우울한 미래 전망과 동일시했다. 이채욱이 초중고 학부모 504명을 대상으로 실시한 인식조사에서도 비슷한 결론이 도출됐다. 84% 학부모가 "자녀세대 일자리가 인공지능과 로봇에 의해 대체될 것이다."라고 응답했다. 조사에 응한 대부분 부모는 크게 성공하지 않아도 좋으니, 아이가 그저 평균 정도의 생활수준을 누리고 가정을 이루면서 행복하게 살기를 바라고 있었다. [19]

그런데 안타깝게도 이 '평균'으로 사는 것이 점점 더 어려워지고 있다. 우리 자녀가 대학 졸업 후 주로 담당했던 중급기술 일자리가 엄청난 속도로 줄어들 것이기 때문이다. 자동화로 인해 단순노동 생산직이나 사무

부모 혁명

직은 상당히 감소할 것이다. 일반사무업무와 단순 노무활동은 자동화와 로봇화, 알고리즘 기술 발전으로 가장 쉽게 대체될 수 있는 분야다. 결국 인간은 기계가 해내기 어려운 고급기술과 하급기술 일자리를 얻게 될 것이다.

하지만 절망하기에는 이르다. 매사추세츠공대(MIT)의 석학 에릭 브리뇰프슨(Erik Brynjolfsson)과 앤드루 맥아피(Andrew McAfee)는 인간의 상반되는 욕구에 주목하고 낙관전망을 내린다. 인간은 로봇에 의존해 편리함을 누리고 싶어 하지만 한편 여전히 사람만이 건넬 수 있는 따뜻한 온정을 느끼고 싶어 한다. 따라서 디지털 문화가 발달하더라도 아날로그에 대한 향수 덕분에 노동이 모두 자동화된 경제로 대체되지 않을 거라는 것이다.[20]

기술이 보편화된 사회에서는 자연적이고 사람 정취를 느끼게 해주는 아날로그 서비스가 희소성을 갖게 된다. 경제 기본원칙인 희소성과 가격 비례관계에 따라 인간관계를 매개로 한 산업이 차별성을 지니고 높은 수익을 올릴 수 있다. 예컨대 구닥(gudak)이라는 유료 카메라 앱은 한 번에 24장까지만 찍을 수 있고, 찍은 사진을 보려면 사흘이나 기다려야 한다. 요즘처럼 모든 것이 신속하게 진행되는 시대에 이 앱은 트렌드를 역행했다. 이름처럼 구닥다리 느낌의 '불편함'과 '느림'을 전면에 내세워 관심을 끄는데 성공했다. 아날로그적 매력을 마음껏 발산한 구닥 앱은 2017년

출시 열흘 만에 한국 유료 앱스토어 다운로드 1위를 기록했다. 더 나가 해외 17개국에서 총 100만 달러가 넘는 돈을 벌어들였다.[21]

미래일자리에 대한 상이한 전망 가운데 공통분모는 각광받는 분야에서는 새로운 일자리가 생겨난다는 것이다. 맥킨지 글로벌 연구소에 따르면 기술발전과 자동화로 인해 일자리가 하나 소멸할 때마다 인터넷과 관련된 일자리는 2.6개 탄생한다고 한다.[22] 결국 성장 업종에서 어떤 새로운 부가가치를 제공하느냐가 미래 일자리를 좌우하는 열쇠가 된다. 본인이 지닌 재능과 열정이 사회 수요와 만나는 교차로에서 업을 찾으면 되는 것이다.

온라인은 새로운 시도에 좋은 플랫폼이다. 네트워크 세계에서는 다양한 수요를 충족시킬 수 있는 틈새시장을 얼마든지 만들 수 있기 때문이다. 오프라인으로 책을 파는 반스 앤 노블(Barnes & Noble)은 잘 팔리는 주력상품에서 매출 대부분이 나온다. 반면 아마존은 일반 서점에서 구하기 어려운 하위 80% 상품에서 절반 이상 매출을 올리고 있다.[23] 책뿐만이 아니다. 아마존에서 판매하는 물품 중에는 오프라인 상점에서 구하기 어려운 품목도 쉽게 찾아볼 수 있다. 예컨대 호미는 시중에서 사기가 쉽지 않다. 호미를 팔아서는 수익이 남지 않으니 판매처가 거의 없다. 하지만 온라인 매장에서는 고객층만 잘 겨냥하면 호미를 팔아서도 얼마든지 수익을 낼 수 있다. 동료 중에 언니가 영국에서 사는 이가 있다. 그 동료는 종종 언니를 위해 호미를 여러 개 구입한다. 텃밭을 가꾸고 잡초를 제거하려는 영국인에게 호미가 인기 만점이라는 것이다. 조경문화가 발달한 외국에서 호미는 밭도 맬 수 있고 풀도 벨 수 있는 만능 농기구로 통한다.[24] 인터넷 비즈니스에서는 베스트셀러나 스테디셀러보다는 희귀한 제품을 판매하는 것이 골리앗의 견제를 피하는 현명한 전략일 수 있다.

3D 프린터로 촉발된 제조업 혁명과 더불어 이제는 사업 시작에 필요한 자금을 확보하는 방법도 다양해졌다. 온라인 플랫폼에서 다수 개인에게 자금을 받는 크라우드펀딩(crowdfunding) 덕분에 기존에 시도하지 못했던 과감한 도전도 가능해졌다. 호주 양봉업자인 스튜어트 앤더슨(Stuart Anderson)과 아들 시더 앤더슨(Cedar Anderson)은 크라우드펀딩 사이트인 인디고고에서 130억 원을 투자받았다. 그들은 손쉽게 벌꿀 채집이 가능한 플로우 하이브(Flow Hive)라는 벌통을 개발해 수익을 내고 있다. 벌집에서 꿀을 채집할 때는 방충복을 입고 고무장갑을 끼고 연기를 피워가며 벌을 쫓아내야 한다. 하지만 이 부자가 개발한 플로우 하이브를 이용하면 이런 복잡한 과정을 생략할 수 있다. 벌통에 난 홈에 레버를 꽂아 돌리면 마치 수도꼭지를 돌린 것처럼 꿀이 흘러나오기 때문이다. 꿀벌을 보호하면서도 꿀 생산은 늘리고 손쉽게 꿀을 채집할 수 있는 이 새로운 벌통에 대한 주문이 끊이지 않고 있다.[25]

이렇게 많은 프리 에이전트가 활약할 수 있는 것은 이들이 구직활동을 하고 서비스를 제공할 수 있는 다양한 플랫폼이 있기 때문이다. 유튜브는 이런 프리 에이전트들이 활동하는 대표 플랫폼이다. 2017년 미국 10대를 대상으로 선호도를 조사한 결과 1위부터 5위까지 모두 유튜브 스타가 포함되어 있었다. [26] 유명한 연예인이 대거 포진되었던 과거와 대조된다. 한국도 유튜브에서 활동하면서 상당한 수입을 올리며 큰 영향력을 끼치는 인플루언서(influencer)가 등장했다. 2018년에 〈랜선라이프〉에서 활약했던 대도서관과 윰댕 부부는 유튜브 운영을 통해 각각 20억 원, 7~8억 원을 번 것으로 알려져 있다. 다중채널네트워크(MCN: multi-channel network)를 기반으로 활약하는 유튜버도 많다.

1인 미디어는 전통 미디어 채널에 비해 시청자와 즉각적인 상호작용을 할 수 있다는 장점 때문에 빠른 속도로 증가 중이다. SNS를 통해 차별화된 킬러 콘텐츠를 생산하고 확산하는 1인 크리에이터는 고정 팬을 바탕으로 수익창출 모델을 만든다. 이렇게 개인브랜딩에 성공한 후에 핵심 고객층과 소통하면서 열혈 팬이 원하는 정보와 서비스를 제공한다. 팬의 입소문(viral marketing) 덕분에 이런 프리랜서의 영향력은 더욱 커진다. 그러나 이런 플랫폼은 결코 젊은이의 전유물만은 아니다. 부모도 자신만의 스토리와 경험을 얼마든지 매력적인 콘텐츠로 전환해 제공할 수 있다.

온라인이 창업에 유리하기는 하지만 유일한 공간은 아니다. 오프라인 매장이라도 차별화에 성공한다면 도전해볼만 하다. 라이프 스타일에 초점을 맞춰 전문화된 주제로 접근하는 테마숍이 그런 경우다. 테마숍은 상품이 아니라 특정 주제에 초점을 맞춰 보이지 않는 가치를 파는 곳이다. 미국은 이미 40여 개 이상으로 라이프 스타일이 세분화되어 있고 다양한 삶의 형태와 세대별 특성을 겨냥한 상점이 많다. 일본에 있는 벨로체라는 커피 체인점도 이런 경우다. 벨로체 커피 맛은 형편없다. 가게 안 장식도 촌스럽기 그지없다. 이 커피숍은 커피를 파는 것이 주목적이 아니다. 노인이 다른 사람 눈치 보지 않고 편하게 보낼 수 있는 시간을 파는 곳이다. 이 카페 대부분 손님은 나이 지긋한 노인이다. 이들은 널찍하게 자리 잡고 앉아 책이나 신문을 보면서 망중한을 즐긴다. 한국 인구구조가 일본과 20년 정도 차이가 나는 걸 염두에 둔다면 2032년경에는 이렇게 노인층을 겨냥한 커피 체인점이 등장하게 될 것이다.[27]

미래 일자리가 인공지능과 로봇으로 대체되느냐 여부는 업무 절차를 얼마나 알고리즘으로 변환할 수 있느냐에 달려 있다. 옥스퍼드대 칼 프레이(Carl Frey)와 마이클 오스본(Michael Osborne) 연구팀 연구에 따르면 패션디자이너, CEO, 초등교사, 사회복지사라는 직업은 알고리즘화 가능성이 매우 낮아 안전한 직업군으로 분류됐다. 사라질 가능성이 90% 이상인 직업은 텔레마케터, 시계수선공, 스포츠심판, 회계사였다. 내 꿈은 작가다. 막내딸은 그림 그리는 것을 좋아한다. 이 보고서에 따르면 나와 내 딸의 미래는 밝다. 예술과 문화 콘텐츠 관련 직종은 알고리즘화가 아직까지는 쉽지 않기 때문이다. 애니메이터는 오직 1.5%만, 작가도 3.8%만이 알고리즘으로 작업을 수행할 수 있다.

블루오션이라고 생각하고 열심히 개척했는데 본격적으로 사업을 펼치려고 보니 이미 너무 많은 사람이 몰려들어 레드오션이 되어버릴 수 있다. 이럴 때는 발상의 전환을 해보라고 권하고 싶다. 모든 사람이 원하는 분야 대신에 미래 사회가 원하는 분야를 용기 있게 개척해보는 것 말이다. 국내 교수 중에도 이런 점에서 돋보이는 이가 있다. 서울대 조영태 교수는 두 딸에게 선행학습을 위한 사교육을 시키지 않는다. [28] 인구구조학적인 추세를 봤을 때 딸이 대학에 진학할 무렵에는 경쟁률 자체가 1:1에 가까워지는 데다 소위 일류대학을 간다고 해도 성공이 보장되는 시대가 더 이상 아니기 때문이다. 그가 제시하는 대안은 '농고진학'이다. [29] 지금 농촌 평균연령이 무려 60세이고 농촌인구가 전체의 15%밖에 되지 않기 때문이다. 젊은이가 농업을 더 전문적으로 공부하면 희소성을 인정받아 성장가능성이 높을 수 있다. 기후변화 때문에 안정적으로 식량을 확보하고 공급하는 식량안보가 범국가 차원 이슈임을 생각해보면 조 교수의 제안은 꽤 설득력 있다.

일본 도쿄대 이마무라 나라오미 교수는 지금은 6차 산업 시대라고 주장한다. 농업, 임업, 어업과 같은 1차 산업이 가공식품 제조라는 2차 산업과 만났다. 이 만남에 서비스, 유통 같은 3차 산업이 결합해 6차 산업을 낳았다는 것이다. 나라오미 교수가 말하는 6차 산업은 이 세 영역의 단순 합(1차+2차+3차=6차)을 넘어선 융복합적 결합(1차×2차×3차=6차)이다. [30] 농업종사자 수 감소라는 농업절벽 앞에서 청년이 혁신을 주도할 수 있다면 일자리 창출과 함께 농촌 파국위기도 극복이 가능할 것 같다.

2009년부터 『트렌드 코리아』로 매년 변화추세를 전망하는 서울대 김난도 교수는 2019년을 세포마켓 시대라고 했다. 유통지각 대변동을 이끌었던 1인 미디어는 다양한 온라인 오프라인 플랫폼을 무대 삼아 콘텐츠를 직접 판매하고 있다. 시공간 제약을 벗어나 원하는 일을 하면서 특정 그룹을 대상으로 소규모 소비시장을 구축해 경제활동을 하는 마이크로 생산자가 늘고 있다. 이런 개별 크리에이터가 구축한 각 소비시장은 세포형 마켓 형태를 띠고 있다. [31]

모든 사람이 이런 변화 물결에 합류하는 것은 아니다. 기존 경제를 지탱했던 제조업이나 익숙한 사업이 일거에 사라지지도 않을 것이다. 모두 창업을 할 필요도 없으며 그럴 수도 없다. 위험기피 성향이 매우 강한 이는 도전을 감내하는 것이 감당하기 힘든 스트레스일 수 있다. 개인 성장을 적극적으로 지원해주는 조직에서 일하고 있다면 굳이 기관 밖으로 나가서 사서 고생하기보다 좋은 기업을 더욱 발전시키는 데 기여하는 것도 바람직하다. 훌륭한 리더가 있는 조직 안에서 사회인 기본기를 닦고 창업 기본역량을 쌓는 것도 지혜로운 방법이다. 중요한 것은 창업을 했는지 취업을 했는지가 아니다. 재능과 역량을 지속적으로 향상시킬 수 있는 문화 안에 동참해 있느냐가 관건이다.

3. 경제를 공부하는 똑똑한 부모

호모 이코노미쿠스로 거듭나기 위해서는 부모부터 금융지능을 키워야한다. 그런데 한국 가계의 재무구조를 보면 현금흐름측면에서 사교육에 과도한 지출을 하고 있다는 문제점이 있다.[32] 지금 학령기 자녀를 두고 있는 대부분 부모세대는 대학교육의 수혜를 온전히 누릴 수 있었다. 하지만 이제 좋은 대학에 진학하는 게 좋은 일자리로 직결되던 시대는 막을 내리고 있다. 부모도 이런 상황을 모르는 바는 아니지만 자신이 살아온 삶 외의 다른 길을 알지 못하기에 사교육에 매달린다.

문제는 사교육의 효과가 불확실하다는 것과 부모는 퇴직 후에도 100세까지 살아야 할 돈이 필요하다는 것이다. 부모 자신의 노후를 뒷받침해줄 재정계획이 탄탄하다면 여유자금으로 자녀의 더 나은 교육을 위해 투자하겠다는 개인선택을 존중한다. 자녀가 현 교육체제에 잘 순응해 뛰어난 두각을 드러내는 데 도움이 필요한 한두 과목을 사교육에 의존하겠다면 큰 문제가 아닐 수 있다. 하지만 연간소득이 5,000~6,000만 원 정도인 가정에서 20% 안팎에 달하는 큰 금액을 사교육비로 지출하는 것은 현명한 선택이라 보이지 않는다.

우리나라 입시에서 나타나는 4가지 학생 유형이 있다.[33] 첫 번째 유형은 암기력이 탁월하고 수학, 과학 분야에 남다른 이해력을 보이는 상위권 학생이다. 이런 학생은 좌뇌 중심의 전통적인 주지주의 교육에서 강세를 보인다. 한마디로 똑똑한 학생이다. 시대가 변해도 이런 학생에 대해서는 걱정을 많이 할 필요가 없다. 자기 주도적으로 공부하고 세상을 헤쳐 나갈 역량을 가졌기 때문이다. 두 번째는 노력을 통해 성과를 내는 학생이다. 뒤늦게 공부의 재미를 알게 된 경우다. 학교공부로 부족한 부분을 보충하는 것이 한계가 있다면 사교육을 통해 일부분 지원해줄 수 있다. 단, 이 경우에도 사교육을 받은 시간 이상으로 스스로 고민하고 공부하는 시간이 확보되어야 한다. 세 번째는 공부에 흥미가 없어 자신이 하고 싶은 분야에 매진한 경우다. 이 부류 학생은 다른 학생과 경쟁에서 졌다는 열등감과 실패감에 젖어 있지 않다. 자신을 믿고 잘할 수 있는 분야를 해보라고 응원해준 부모가 있기 때문이다. 학창시절에 존재감이 없었지만 사회에서는 종종 성공스토리를 쓴다.

마지막 유형은 공부에 흥미가 없는데 부모의 강권으로 학원을 학교처럼 다녔고 성과는 본인이 기대한 만큼 나오지 않는 경우다. 상당히 많은 학생이 이 유형에 속한다. 성적이라는 기준으로 벌어지는 무한경쟁에서 밀려나 무기력해져 있고 자존감도 낮다. 소위 '좋은' 대학에 다니는 학생이라고 예외는 아니다. 조금 더 나은 대학에 가지 못했다는 자괴감에 시달린다. 매년 13만 명이 넘는 재수생 규모가 이를 말해준다. 누군가가 짜준 공부계획표에 맞춰 문제풀이 기계처럼 10대를 보내고 대학생이 된 청년의 상당수가 이제 스스로 일상을 꾸려야 한다는 사실에 당황한다. 대학만 들어가면 모든 게 보장될 거라고 믿었는데 또다시 입시경쟁보다 더 치열한 취업레이스가 목전에 있다는 사실을 깨닫고 좌절한다.

2019년 대학 졸업예정자 10명 중 졸업 전에 정규직 취업에 성공한 사람은 1명에 불과하고 구직자 10명 중 7명은 '취업 사교육'이 필요하다고 느끼고 있었다. [34] 일부 부모는 이런 자녀를 고등학교 4학년처럼 취급하며 대학생활에 관여한다. 스스로 원하는 삶을 살아본 경험이 없는 자녀는 자신을 '을'의 위치로 전락시킨다. 숭실대 김지영 교수가 상담한 학생도 그랬다. 학생은 낮 1시에 일어나고 새벽 5시까지 핸드폰이나 게임을 하면서 밤낮이 뒤바뀌어 살고 있었다. 김 교수가 목표의식을 갖고 계획적으로 살아볼 것을 권하자 학생은 다음과 같이 말했다.

"교수님이 원하는 방식대로 계획표 짜드릴 수 있어요. 저 그런 거 잘하거든요. 고등학교 때도 부모님이나 선생님의 마음에 들도록 그런 거 만들어 주는 거 질리도록 많이 해봤어요." [35]

학원뺑뺑이 희생양이 되어 살아온 자녀의 자화상이다. 내가 계획하는 내 삶이 아니라 부모가 원하고 선생님 눈에 모범생으로 비춰지며 사는 것에 익숙해져버린 청소년의 안타까운 일면이다. 세계는 변하고 있는데 남들이 가는 길대로 따라가야 '안전'하고 '좋은 결정'이라고 맹신하는 부모와 불확실한 미래가 두려운 아이. 미래에 대한 공부는 안 하고 걱정만 하는 부모와 자녀의 공포감을 학원은 불안마케팅으로 포섭했다. 이런 부모와 자녀는 학원을 기본조건으로 받아들이는 군중화를 그려왔다.

학원을 보내는 것을 무조건 반대하는 것은 아니다. 공부의 기본이라 할 수 있는 문해력, 수리력, 탐구력은 매우 중요하다. 공교육에서 충분히 기를 수 없어 부족한 분야를 보충하기 위해 잠시 사교육에 의존하겠다는 선택을 비난할 생각은 없다. 다만 조건이 있다. 자녀가 흥미를 가져야 하고 단순 문제풀이식 선행학습 용도가 아니어야 한다. 단순암기를 통한 문제풀이에서 인간은 빅데이터를 바탕으로 통계와 확률로 문제를 푸는 ·인공지능을 능가하기 어렵다.

사교육 무풍지대에서 살라는 주문을 하는 것도 아니다. 다만, 조금 더 많은 대한민국 부모가 내공을 갖추면 좋겠다. 가계 재정이라는 경제적인 측면뿐 아니라 자녀를 위해 진정으로 필요한 것이 무엇인지 진지하게 고민해보자. 변하는 미래모습에 대해 공부하지 않고 걱정만 하는 건 시험이 일주일 후인데 공부는 안 하고 한숨만 쉬고 있는 것과 다를 바 없다. 자신만의 교육철학을 갖고 필요한 만큼만 꼭 필요한 곳에 투자하자. 그리고 나머지는 자신의 미래를 위해 투자하자. 퇴직 후에도 한참을 소비자로 살아야 하는데 소비규모를 퇴직 후에 갑자기 줄이는 것은 쉽지 않을 것이다. 퇴직 후 또 다른 인생을 위한 준비를 시작해보자. 그리고 재정을 보다 탄탄하게 만들기 위해 공부하자.

다행스럽게도 부모가 점점 변하고 있다는 게 느껴진다. 특히, 대학에 대한 기대와 니즈에 대한 마인드 변화가 서서히 진행 중이다. 국내 한 일간지와 여론조사기관이 설문조사를 한 결과에 따르면 10년 전과 비교해 대학진학 필요성을 묻는 질문에 응답자 절반 이상이 낮아졌다고 답했다. 고학력자일수록 부정적으로 답하는 비율이 높아서 대학원 이상에서는 10명 중 6명이 대학진학 필요성을 예전보다 낮게 봤다. 투자에 비해 기대에 미치지 못하는 결실을 얻었기 때문이 아닌가 싶다. 고등학교 교사 5명 중 2명도 저성장 시대에 대학진학이 취업을 담보해주는 것은 아니기 때문에 대학진학 필요성이 예전보다 낮아졌다고 응답했다.[36] 이는 통계로도 그대로 드러난다. 2008년 고등학교 졸업자의 대학진학률은 84%였지만 2017년에는 69%에 그치고 있다.

이 설문 결과를 대학이 필요 없으니 대학에 가지 말자거나 대학을 없애자는 주장을 위해 공유한 것은 아니다. 한 세대의 일자리를 없애면 다음 세대가 함께 경제적 난관에 봉착한다. 혁신을 도모하지 못한다는 이유로 지역소재 대학을 폐쇄하면 인근 지역 상권이 죽는다. 그 대학에 적을 두고 있던 교직원은 고용승계를 보장받지 못해 실업자가 된다. 학생은 학습권이 침해받지 않도록 인근대학으로 편입학을 지원해줄 수 있지만 지역생태계에 미치는 모든 과정에서 어떤 부작용도 속출되지 않도록 하는 것은 사실상 불가능하다. 결국 자녀의 질 높은 교육을 위해 부실대학을 폐쇄했더니 부모의 삶의 터전이 와해되는 원치 않은 결과가 초래될 수도 있다. [37)

내가 태어난 1975년에는 87만 명이 태어났다. 내 큰아이가 태어난 2002년에는 49만 명이 태어났다. 둘째 아이가 태어난 2004년에는 2만 명이 더 줄어든 47만 명이 태어났고, 그 다음 해인 2005년에는 43만여 명이 태어났다. 40년 만에 생산과 소비 양대 축을 담당할 핵심 연령층이 반 토막이 났으니 한국내수경제에 경고등이 켜졌다고 걱정하는 것도 무리가 아니다.

교육통계센터 자료에 따르면 우리나라 고등교육법에 따른 7개 종류 대학의 입학정원 총합은 60만 명을 살짝 상회한다. 이 중 4년제 일반 대학의 정원은 약 31만여 명 남짓이다. 그러나 간단한 산술식으로 예전보다 대학진학이 쉬워졌다고 성급한 판단을 내리기에는 이르다. 6월 정기모의고사부터 등장하는 어마어마한 규모의 실력파 재수생들이 대입 레이스에 합류하기 때문이다. 그 결과 누구나 가고 싶어 하는 대학에 입학하는 것은 여전히 어렵다.

대학을 아이가 가고 싶어 할 때 보내보는 건 어떨까? 북미나 유럽 젊은 이처럼 고등학교를 졸업한 후에 갭 이어(gap year)를 갖고 다양한 경험을 하면서 자아 탐색 시간을 갖는 것도 괜찮지 않을까. 자신이 좋아하는 분야를 일찍 찾은 청년은 먼저 일을 할 수 있도록 하고 후에 학문적으로 탐구해보고 싶을 때 다시 학교로 돌아갈 수 있도록 해주는 것이다. 전문성을 높이기 위해서는 평생 공부하고 노력해야 한다. 대학이 이런 열망을 충족시켜줄 수 있는 장소임에는 틀림없다. 하지만 모든 학생이 고등학교를 졸업하자마자 당연하다는 듯이 대학으로 향할 필요는 없지 않을까? 대학에서 공부하고 싶다는 열정이 솟아나는 시기는 개인마다 차이가 있을 테니 말이다.

느리기는 하지만 취업시장도 점차 변해가고 있다. 인적사항을 삭제하고 능력만으로 채용하기 위해 블라인드 방식을 도입한 곳이 많다. 만 하루에 걸친 워크숍을 통해 응시자가 지닌 다양한 역량을 다각도로 점검한다. 이런 능력을 기르는 데 사교육이 얼마나 도움이 될지 모르겠다. 과외 불패론이 설득력을 잃을 수밖에 없는 이유다. 생애기대후생에 기초해 자녀가 10대일 때 집중 투자했던 모델을 이제는 전면 재점검할 때다.

많은 학부모와 학생이 학벌주의 채용 관행이 향후 노동시장에서 점차 사라지게 될 거라고 막연히 기대한다. 그럼에도 좋은 대학 입학이라는 눈앞에 닥친 과제를 외면할 만큼 강한 신념을 갖고 있지는 못하다. 소위 서울소재 명문대를 졸업해도 취업률은 60% 대에 불과하다. [38] 그럼에도 좋은 학벌이 사회적 지위, 명예, 고소득의 원천이 될 거라는 신화는 아직도 뿌리 깊다. 우리나라에서 이처럼 서열주의가 아직 견고한 이유는 상호 대등한 관계보다는 피라미드식 권위적 관계를 강조해왔던 유교문화가 사회 전반에 깊이 자리 잡고 있기 때문이다. [39] 자신과 가족의 경제적·심리적·사회적 자본 투자를 통해 학벌을 확보한 이들의 상당수가 배타적 권리를 주장하며 독점욕을 드러내왔다. 이런 폭력의 희생자가 되어온 부모세대는 자녀에게만은 자신과 같은 아픔을 물려주고 싶지 않을 것이다. 교육의 변화에 동참하고 싶은 부모조차도 이런 이유로 자녀들에게 대학은 신경 쓰지 말고 너 하고 싶은 것만 하면서 살라고 말할 용기까지는 차마 내지 못한다.

하지만 우리 사회에서도 이제는 학벌보다는 경제력이 더 임팩트 강한 요소로 급부상하고 있다. 알바몬이 잡코리아와 함께 2018년 11월에 대학생 1,403명을 대상으로 '성공의 조건'을 주제로 설문조사를 했다. 대학생은 대한민국에서 출세하고 성공하는 데 가장 중요한 조건이 '경제적 뒷받침'이라고 대답했다. [40] 3년 전 조사에서 경제적 뒷받침과 비슷한 수준으로 중요하다고 여겨졌던 '학벌 및 출신학교'는 2위로 내려갔다. 학벌보다 경제적인 수준이 더 중요하다는 인식이 팽배해진 것이다. 자녀 학벌을 높이기 위해 쏟았던 열정을 이제 부모 자신의 금융지능을 키우는데 투자해야 한다. 재무구조를 탄탄하게 하고 자본이 나를 위해 일하도록 하는 시스템을 구축해야 한다.

30대에 자수성가해 백만장자 대열에 합류한 엠제이 드마코(MJ DeMarco)는 부의 3요소인 가족(관계), 신체(건강), 자유(선택)를 갖추기 위해서는 서행차선에서 추월차선으로 갈아타야 한다고 주장한다. [41] 서행차선은 우리에게 익숙한 모습이다. 온갖 학력과 자격증을 따기 위해 많은 시간과 돈을 쓴다. 직장에서 남들보다 빨리 승진하고 오랫동안 버티기 위해 정치적 수완을 발휘하는 데 에너지를 쓴다. 시간이 흐를수록 가치가 감소하는 자동차, 명품, 귀금속 같은 것을 구입한다. 엠제이 드마코는 우리 모두 이제 서행차선에서 나와야 한다고 외친다. 그가 자리를 옮기라고 권하는 추월차선에 있는 사람은 가치가 증가하는 자산을 사거나 판다. 사업체, 브랜드, 현금성 자산, 지적 재산, 라이선스, 발명품, 특허 같은 것이다.

가난한 아빠를 생물학적 아버지로 뒀지만 사업을 하던 친구 아버지인 부자 아빠로부터 사업마인드를 배워 큰 부를 이룬 로버트 기요사키(Robert Kiyosaki)도 비슷한 이야기를 한다. [42] 경제공부를 하라고 하면 많은 사람이 부동산을 사고 주식을 산다. 순자산을 늘리는 것이 부의 척도라고 믿기 때문이다. 그리고 이제 부동산과 주식이 오르기만을 기다린다. 기요사키는 이런 행태가 자본이득이라는 게임을 하는 사람의 모습이라고 한다. 경제성장기에는 인플레이션과 함께 집값과 주가도 상승하니 비교적 쉽게 돈을 벌 수 있다. 하지만 경제가 불황으로 치닫거나 버블이 꺼지면 대부분은 돈을 잃게 된다.

이런 점에서 기요사키는 자본소득보다 더 중요한 것은 현금흐름이라고 강조한다. 현금흐름에 투자한 사람은 가격의 부침에 크게 신경 쓰지 않는다. 호황이든 불황이든 매달 일정한 수준의 현금이 급여처럼 내 통장에 쌓이기 때문이다. 그의 경우 사업체와 지적재산권, 다른 사업에 투자한 수익을 통해 끊이지 않는 현금흐름을 갖고 있다. 그는 50개 출판사에 자신 책의 판권을 팔아서 분기마다 인세를 받고 있다. 현금흐름을 통제할 수 있는 방법을 담은 '캐시플로(CashFlow)'라는 금융교육 보드게임을 만들어 15개 게임회사에 팔고 분기마다 인세를 받는다. 하지만 이렇게 현금흐름에 투자하기 위해서는 많은 금융지식이 필요하다. 현금흐름을 얻을 수 있는 자산을 찾기 위해서는 잠재 수입과 비용에 대해 공부해야 한다. 이런 변수에 기초한 투자 성과를 계획할 수 있어야 한다. 결코 쉽지 않기에 머리가 아프다.

그래서 대부분의 사람은 그냥 편하게 집을 사고 주식을 산다. 주식이라고 쉬운 건 아니다. 세기의 천재과학자 뉴턴(Isaac Newton)과 아인슈타인(Albert Einstein)도 주식으로 어마어마한 돈을 잃었다. 경제학자의 성적표도 비슷하다. 주식으로 돈을 번 경제학자는 리카르도(David Ricardo)와 케인스(John Keynes) 정도다. [43] 주식시장의 생리를 꿰뚫은 케인스는 주식시장을 미인대회로 비유했다. 미인대회에서는 객관적으로 가장 아름다운 사람이 아니라 대중이 주관적으로 아름답다고 '생각'하는 사람이 미인으로 뽑힌다. 마찬가지로 주식시장에서도 재무제표가 건실한 기업의 주가가 올라가기보다 많은 사람이 오를 거라고 '생각'하는 기업의 주가가 오른다는 것이다.

보통 사람은 금융에 대해 공부하지 않는다. 부자가 되기 위해 머리 아픈 공부보다 부자가 만들어놓은 은행에 돈을 예치하거나 부자가 만든 물건을 소비해서 부자를 더 부자로 만들어준다. 인터넷으로 연결되어 소통하는 사회에서는 단순히 재화를 더 많이 소유하는 것보다 나에게 의미 있는 경험을 소비하는 것이 더욱 가치 있는 경제활동이 된다. 물건을 사 모으는 것은 이제 그만하자. 대신 경제를 공부하고 나의 부가가치를 높일 수 있는 '경험'에 과감하게 투자하자. 다른 사람 부자로 그만 만들어주고 이제 우리가 부자 되자.

4. 자녀를 부자로 키우고 싶다면?

부자가 되려면 자녀의 금융지능도 높여야 한다. 금융교육에 탁월한 성과를 내고 있는 유대인이 어떻게 경제교육을 시키는지 알아보자. 유대인은 세계 인구의 0.2%에 불과하지만 노벨상 수상자 3명 중 1명이 유대인이다. 아이비리그 대학 정교수의 3명 중 2명, 뉴욕 개업 의사의 약 절반이 유대인이다. 세계 언론도 장악하고 있다. 미국 주요일간지와 3개 텔레비전 방송사는 유대인 소유이다. 경제와 산업측면에서는 성과가 더 놀랍다. 노벨경제학상 수상자 5명 중 2명이 유대인이고, 세계 100대 기업 10개 중 4개는 유대인이 소유하고 있다.[44] 역사적으로 예수를 죽인 원수라며 탄압을 받아온 유대인이 토지를 소유할 수 없어 고리대금업을 비롯한 금융업에 일찍 눈떴기에 이룬 성과다.

유대인은 금융 DNA를 성인식이라는 의식을 통해 자녀에게 물려준다. 이스라엘에서 성인식은 특별한 의미를 지닌다. 성인식은 부모에게 예속되지 않고 독립적인 종교인으로 구약성경의 613개 계명을 지킬 것을 공표하는 날이다. 만 13세 나이에 치르는 성인식은 결혼식만큼 중요하기에 멀리서 비행기까지 타고 많은 친지가 참석한다. 참석한 손님은 모두 축하금을 주는데 가까운 친척은 제법 많은 돈을 준다. 집안 어른은 유산을 미리 물려준다는 생각으로 상당한 돈을 건넨다. 뉴욕 중산층의 경우는 보통 4~5만 달러 정도를 받는다고 한다. 이 돈은 미래를 위해 주식과 채권, 정기예금에 나누어 관리가 된다. 중학생일 때부터 경제 마인드를 가지고 독립적으로 재테크를 배우는 것이다. [45] 받은 돈을 적절하게 잘 배분하기 위해서는 경제 동향과 기업에 대해 스스로 조사하고 공부해야 한다. 경제학 공부를 따로 시킬 필요가 없다. 유대인은 성인식 이후 스스로 자산 관리 기본을 배우는 셈이다. 성인식은 자녀가 신앙인으로뿐 아니라 독립된 경제주체인 호모 이코노미쿠스로 살아가게 하는 출발점이다.

성인식 이후로 유대인은 열심히 재산을 늘려나간다. 대학 졸업 후 사회에 나갈 무렵에는 재산이 몇 배로 불어나 수억 원에 이르게 된다. 우리는 빨라야 20대 중후반에 사회생활을 시작하고 '돈벌이'를 시작하는데 유대인은 이미 그 나이에 '돈 불리기'를 한다. 학자금 융자를 안고 삶의 여정을 시작하는 대다수 한국 젊은이와 비교할 때 유대인의 유복한 출발은 탐나기 그지없다. 유대인 청년은 조직의 일원이 되어야 한다면 돈을 키울 수 있는 금융업종을 선택한다. 하지만 취직보다는 창업가와 투자가가 되는 길을 선택한다. 돈을 버는 것만이 궁극적인 목적이 아니기 때문이다. 일부 한국 청년이 바라는 조물주 위에 있다는 '건물주'를 꿈꾸지 않는

부모 혁명

다. 일군 기업을 성공적으로 매각했다고 일을 그만두지 않는다. 편안한 삶 대신 끊임없이 도전하는 뜨거운 삶을 선택한다.

맥스 레브친(Max Levchin)도 이런 유대인 젊은이였다. 그는 1998년 스탠퍼드대 인근에서 점심을 먹다 모바일 금융 거래 서비스에 대한 아이디어를 친구인 피터 틸(Peter Thiel)과 나눴다. 레브친은 일론 머스크(Elon Musk)까지 영입해 인터넷 결제 시스템인 페이팔(PayPal)을 공동 창업했다. 페이팔을 15억 달러에 이베이(eBay)로 넘긴 레브친은 억만장자로 여생을 손가락 까딱하지 않고 무위도식할 수 있었다. 하지만 그는 도전을 멈추지 않았다. 스타트업을 만들고 스타트업 투자자로도 활동 중이다. 레브친이 투자 아이디어를 얻게 되는 계기도 흥미롭다. 그의 스물아홉 번째 생일날 한자리에 모인 페이팔 전 동료들은 신변잡기 스몰토크를 나눴다. 좋은 치과의사를 찾는 게 얼마나 어려운지에 관한 이야기를 나누던 중에 러셀 시몬스(Russel Simmons)와 제레미 스토펠만(Jeremy Stoppelman)은 그들이 준비하는 평판 서비스에 대한 아이디어를 설명했다. 이 아이디어가 바로 소셜 네트워킹 리뷰 사이트인 옐프(YELP)의 모태다. 레브친은 여기에 100만 달러를 투자한다. 또 슬라이드닷컴이라는 창업 아이템을 키워 구글에 판매했다. 그는 지금도 쉬지 않고 HVF(Hard, Valuable, Fun)라는 테크 인큐베이터를 운영 중이다. [46)]

이미 부자가 된 사람은 결코 부자인 것에 만족하지 않는다. 온 가족이 평생 놀아도 먹고 살만큼의 재산을 유산으로 받았지만 록펠러 2세(John

Rockefeller, Jr.)는 자녀에게 철저하게 용돈관리를 시킨 것으로 유명하다. [47]
그는 자녀에게 용돈기입장을 복식부기 방식으로 작성하는 법도 어릴 적
부터 가르쳤다. 용돈 사용 규칙도 엄격하게 제한했다. 3분의 1은 저축으
로 3분의 1은 기부로 써야 했다. 나머지만 개인적으로 사용할 수 있었다.
이런 원칙을 준수하면 상금을 주고 그렇지 못하면 벌금을 매기며 엄하게
가르쳤다. 재벌은 이렇게 자녀가 어릴 때부터 엄격하게 재정관리 노하우
를 알려주며 재산을 관리할 수 있는 기본체질을 길러준다. 용돈을 넉넉
하게 주는 대신에 필요한 물건이 있으면 직접 돈을 벌어 사도록 가르친
다. 빌 게이츠도 록펠러 못지않게 상당히 짠돌이 용돈 교육을 시켰던 것
으로 유명하다. [48] 당시 12~17세 미국평균 용돈은 16달러 60센트였는데
그는 자녀들에게 1주일 용돈을 1달러만 준 것으로 알려져 있다. 대신 집
안일과 심부름을 했을 때 용돈을 더 줬다.

이런 유대인 재벌의 자녀교육법을 그대로 따라 할 필요는 없다. 일부
전문가는 공부나 집안일처럼 당연히 해야 하는 일을 경제적인 반대급부
와 연결하는 게 바람직하지 않다고 지적한다. 보상이 없으면 자녀가 당
연한 본분을 더 이상 하지 않게 되기 때문이다. 요즘 물가를 고려하지 않
고 짠돌이 용돈 정책을 폈다가는 자칫 자녀들의 공분을 살 우려도 있다.
빌 게이츠와 록펠러의 이름을 들먹이며 최저 용돈제를 제시했던 나는 세
아이의 집중포화를 받았다. 그래서 대안을 제시했다. 어떤 항목에 얼마

부모 혁명

만큼 용돈을 받아야 하는지를 1분 스피치로 설득해보라고 제안했다. 큰딸과 아들이 경쟁구도를 형성하면서 서로의 논리 허점을 지적해서 적정한 수준에서 용돈협상을 마칠 수 있었다.

아이가 어느 정도 컸다면 용돈 대신에 기본소득제와 유사한 '생활비 통으로 주기'도 권하고 싶다. 매달 일정 금액을 주고 그 안에서 본인 지출을 스스로 통제하도록 하는 것이다. 가족행사나 여행경비 규모를 스스로 정하게 하고 필요한 항목을 본인이 직접 지출하게 하는 것도 괜찮다. 아이가 아직 어리다면 장볼 때 주도권을 조금씩 넘겨주는 것도 바람직한 경제교육이 된다. 이런 과정을 통해 자녀는 제한된 예산규모 안에서 합리적으로 소비하기 위해 꼼꼼하게 가격대비 성능을 따지게 될 것이다.

하지만 소득과 지출을 현명하게 관리하는 법을 넘어 자녀가 재능을 활용해 부를 창출하도록 하려면 이 이상의 노력이 필요하다. 부자가 되기 위한 기초체력을 구비하기 위해서는 실물경제와 금융경제가 어떤 메커니즘으로 순환하고 움직이는지 아는 것이 필수다. 부모가 먼저 공부하고 부모가 알게 된 것을 자녀와 나눠야 한다. 금융투자와 사업을 통해서 부자가 될 수 있었던 유대인은 지금 전 세계 경제 흐름을 좌지우지하는 거대한 영향력을 갖추게 되었다.

빈 자루는 균형을 잡고 똑바로 서 있기가 힘든 법이다. 자녀가 이른 시기에 부모로부터 경제적으로 독립해서 살아나갈 수 있게 하려면 돈은 자신이 노력해 벌어야 한다는 메시지를 줘야 한다. 돈을 그냥 주는 대신에 돈을 어떻게 벌고 어떻게 써야 하는지를 알려줘야 한다. 사업을 물려주는 대신에 사업가가 되기 위한 기본 마인드와 덕목이 내면화될 수 있도록 가르쳐야 한다.

대한민국인의 IQ는 유대인보다 더 높다고 알려져 있다. 유대인보다 더 똑똑하다는 우리나라 사람이 부자의 마인드를 따라하고 노블레스 오블리주를 실천한다면 세계 부의 지도가 바뀌게 될 것이다.

5. 기업가 정신은 어려움을 뛰어넘는다

    미래사회 일자리의 주인공이 되기 위해서는 기업가 정신이 필요하다. 기업가 정신은 변화를 잘 관찰해서 얻은 아이디어를 바탕으로 혁신을 위한 인적 · 물적 · 사회적 자본과 역량을 동원하고 자신에게 다가온 기회가 버거워도 담대하게 도전하는 태도와 능력을 의미한다.[49] 사실 기업가 정신은 영리를 추구하는 회사의 지도자만 가져야 하는 덕목은 아니다. 공익을 추구하는 기관에 속해 있는 자와 자신의 삶을 주도적으로 영위하고 싶어 하는 모든 개인이 기본적으로 갖춰야 하는 핵심역량이다.

    팀 드레이퍼(Tim Draper)는 기업가정신을 퍼트리고 세상을 이롭게 할 기업가를 발굴하는 것을 자신의 사명으로 삼고 있다. 그는 스타트업 탄생을 돕기 위한 벤처캐피탈인 드레이퍼 피셔 저벳슨(DFJ)의 설립자이다. 드레이퍼는 실리콘밸리 초대 투자자였던 아버지를 보면서 자연스럽게 투자전략과 기업가 정신을 내재화했다. 그가 핫메일(Hotmail)에 투자할 때 발휘한 기업가정신은 유명하다. 당시 아직 보편화되지 않아 생소한 개념인 이메일을 보편화하고 자신이 투자한 핫메일 사용자를 확보하기 위해 고민했던 드레이퍼가 어느 날 아이디어를 냈다. 핫메일 사용자가 이용하는 이메일 하단에 '핫메일로 무료 이메일을 보내세요.'라는 문구를 넣어 회원가입 페이지로 링크시킨 것이다. 입에서 입으로 구전되는 바이럴 마케팅의 효시로 불리는 이 방법은 성공적이었다. 친구와 동료가 사용하는 이메일인 핫메일에 호기심을 느낀 많은 이가 이 문구를 클릭했고 1년 반 만에 핫메일 신규 회원을 1,200만 명이나 확보할 수 있었다. 스카이프(Skype)와 바이두(Baidu)에 혜안 갖춘 투자를 한 덕분에 버블이 붕괴되던 2008년에도 그는 무사했다. [50]

드레이퍼는 하루하루가 큰 도전의 연속이라고 말했다. 기업의 총괄 책임자로 문제를 해결해나가고 분수령이 될 결정을 내리는 것이 다 그의 몫이기 때문이다. 이처럼 기업가 정신을 갖춘 인재는 위기상황에 직면해도 피하지 않는다. 거시적인 안목을 바탕으로 문제를 재빠르게 분석한다. 도전을 멈춰야 하는 이유 대신에 난관에도 불구하고 도전을 계속해야 하는 당위를 피력한다. 문제해결 방안을 찾는 동시에 실패했을 때를 대비해 플랜B, 플랜C 같은 대안을 마련한다. 큰 파급력을 미칠 수밖에 없는 중요한 결정을 신속하게 한다. 기업가정신을 지녔다는 것은 이런 무거운 책임을 흔쾌히 받아들일 준비가 되었다는 것을 뜻한다.

스타트업 양성기관인 드레이퍼대학 CEO 앤디 탕(Andy Tang)은 2018년

11월에 방한했을 때 기업가 정신은 특별한 누군가의 점유물이 아니라 '누구나 훈련하고 개발할 수 있는 스킬이자 마인드'라고 강조했다. 앤디 탕은 팀 드레이퍼가 언급했던 것처럼 리더란 불확실성이 높은 상황에서도 자신의 소신과 철학을 바탕으로 문제를 해결하겠다는 강한 신념과 확신이 있어야 한다고 주장했다.[51] 난관을 극복하겠다는 강인한 정신력을 바탕으로 한 발씩 앞으로 내딛는 행보를 계속하기 위해서는 기업가 정신을 지속적으로 길러야 한다.

이런 준비 없이 사업가가 되는 것은 절대 금물이다. 기업인으로 경제 활동을 한다는 것은 조직 내 일원으로 살던 급여생활자 삶과는 천지 차이다. 사업가가 된다면 적어도 자신 급여의 다섯 배를 벌어야 한다. 직원이었을 때는 신경 쓰지 않아도 되었던 설비비, 영업경비, 전문 서비스 이용료와 같은 새로운 경비를 지출해야 하기 때문이다. 여러 연구에 따르면 대부분 사업가는 실제 벌어들이는 수입 면에서 직원보다 적게 버는 경우가 종종 있다고 한다. 사업이 안정기에 접어들 때까지는 직원이 퇴근한 후에도 일을 하고 각종 서류작업과 장부정리, 세금 계산을 해야 한다. 이런 어려움 때문에 대부분의 사업체가 5년 이내에 문을 닫는 것이다.[52]

기업가 정신을 갖추고 살기 위해서는 남보다 곱절의 노력을 해야 한다. 아무 노력도 안하고 평범하게 사는데 뛰어난 업적을 이루기란 쉽지 않다. 마흔 살이 넘어 빚만 10억을 진 채로 인생의 나락에 떨어졌던 켈리 최는 기업가 정신 덕분에 화려하게 재기에 성공했다. 유럽 10여 개 국에 700여개 초밥 매장을 낸 켈리 최는 자신에게 도움을 줄 수 있는 이를 적극적으로 찾고 필사적으로 도움을 구했다. 초밥이라는 품목으로 유럽 시장을 제패하고 싶었지만 이 분야에 문외한이었던 그녀는 이미 미국에서 김밥으로 성공을 거둔 김승호 회장에게 무작정 편지를 썼다. 대가로 줄수 있는 건 없지만 성공하면 후배들에게 노하우를 공유하겠다며 사업 노하우를 알려달라고 당찬 부탁을 했다. 초밥 만드는 기술을 전수받기 위해 초밥분야 최고 전문가인 야마모토 선생의 마음을 얻기 위해 삼고초려도 감행했다. 좀처럼 마음을 내주지 않는 그에게 그녀는 외쳤다. "세상에서 가장 맛있는 초밥, 그거 나랑 만들어요!" 진심이 통해 마침내 그의 허락을 받았다. 자신의 초밥을 프랑스를 넘어 전 세계에서 팔고 싶었던 그녀는 글로벌 체인을 내는데 귀재인 드니 하네캉(Denis Hannequin)을 만나야겠다고 결심하고 만나는 이에게 그를 만나고 말겠다고 늘 이야기하고 다녔다. 그리고 그녀의 정성이 통해 결국 그를 만났다. [53]

도움이 필요할 때 적극적으로 도움을 요청하는 것은 이처럼 기업가 정신을 갖춘 이들의 공통요소이다. 스티브 잡스는 10대 시절 주파수 계수기를 만들어보고 싶었지만 부품도 부족하고 부품을 살 돈도 없었다. 그가 부품회사였던 휴렛 패커드(Hewlett Packard) 창업자인 빌 휴렛에게 직접

부모 혁명

전화해 도움을 요청했던 사례는 꽤 유명하다. 이후 휴렛 패커드가 재정적으로 어려워지자 사옥 부지를 인수해 고등학교 시절에 졌던 빚을 갚았다. 잡스는 전화해서 도움이 필요하다고 말했을 때 거절한 사람이 단 한 명도 없었다고 했다. 그럼에도 우리는 도움을 요청하는 것을 망설인다. 적극적으로 도움을 요청하는지는 무언가 이뤄내는 자와 그저 꿈만 꾸는 이의 차이다.

그렇다면 어떻게 해야 나와 내 자녀의 기업가 정신을 키울 수 있을까. 스스로 직접 무언가를 판매해보는 것이 시작이다. 내가 쓴 글, 그림과 같은 무형콘텐츠도 좋고 판로를 개척해 기성품을 판매해보는 시도도 좋다. 요즘에는 학교에서도 기업가정신을 함양하기 위한 다양한 프로그램을 진행하고 있으니 이런 기회를 활용하는 것도 권한다.

아이가 공부하지 않는 것은 자신의 삶을 관통하는 인생목표를 찾지 못했기 때문이다. 어떻게 살아야 할지 모르고 왜 공부해야 하는지 모르는데 열심히 공부하라고 다그친다고 공부할 리 만무하다. 목표가 없는데 열심히 하는 아이를 됐다고 무작정 안심하기도 이르다. 이런 부류 자녀는 후에 심리적 탈진을 호소하며 뒤늦게 더 큰 성장통을 겪을 수 있기 때문이다.

이우학교 초대교장 정광필은 방황하던 '껌 좀 씹던' 학생이 기업가정신을 훈련하면서 인생 목표를 찾고 이후 어떻게 삶이 달라졌는지 흥미로운 이야기를 소개했다. [54] 연이어 문제를 일으키던 학생에게 학생부장이 어느 날 새로운 제안을 한다. '학교 앞에 있는 어려운 가게 중 하나를 보름 내에 살려내는 미션'을 수행하면 징계를 면해주겠다는 것이다. 아이들이 고심 끝에 고른 곳은 할머니가 운영하던 오래된 떡볶이 집이었다. 보름 내에 반전을 내야 하기에 상태가 가장 좋지 않은 곳을 찾은 것이다.

아이들은 '썸씽 떡볶이'라는 센스 넘치는 현수막으로 삭아버린 간판을 대체했다. 몇십 년 묵은 메뉴를 통 바꿀 기세가 없는 할머니를 설득하기 위해 설문조사도 했다. 최악의 메뉴는 접고 인기 있는 메뉴로 재편한 떡볶이 집은 보름 만에 매출이 껑충 올랐다. 할머니의 눈에 들게 된 한 학생은 프로젝트가 끝난 뒤에도 그 집에서 아르바이트생으로 일하며 요리법도 배우고 새 메뉴도 개발하게 됐다. 가게를 접을지를 고민했던 할머니는 학생 덕에 회생을 하게 되자 학생에게 가게를 인수하라는 과감한 제안을 했다. 신이 난 학생은 서울의 유명한 떡볶이 집을 다니며 노하우를 익혀 새로운 레시피를 개발하고 부기 공부에 전념했다. 가게를 직접 운영하려면 알아야 할 것이 많다. 수업시간에 다루던 내용이 왜 필요하고 중요한지를 뒤늦게 깨닫게 된 학생은 이제 누가 시켜서가 아니라 내면의 동기를 좇아 스스로 공부를 하고 있다.

평범한 떡볶이 집도 네이밍을 새롭게 하고 주요 고객층 입맛을 사로잡을 수 있는 메뉴를 개발하면 얼마든지 특별해질 수 있다. 호모 이코노미쿠스에게는 이처럼 평범함을 특별함으로 격상시키는 힘이 있다. 뻥튀기

부모 혁명

라는 토속 아이템도 특별함을 입히면 고급의 대명사인 압구정 현대백화점에 입점할 수 있다. [55] 고정관념도 극복할 수 있다. 어르신 입가심용으로 여겨지던 전통 식품 강정과 약과도 신세대 어필용으로 얼마든지 재조명이 가능하다. [56]

2030년이라는 풍요로운 미래시대에는 지금 인간이 하고 있는 상당수 일을 로봇, 기계, 센서, 칩이 대신하게 된다. 이제 인간은 새로운 창조적인 일을 만들어야 한다. [57] 일거리를 창출해야 하는 시대에 살아야 하는 우리는 더 이상 거대 조직의 부속품처럼 살면 안 된다. 내가 즐거워하는 일을 찾고 만들어나가야 한다. 기업가정신은 이런 미래 삶을 위해 우리에게 꼭 필요한 덕목이다.

6. 틈새시장을 찾는 낙관주의

존 F. 케네디(John F. Kennedy)는 "세상은 불공평하다. 하지만 그렇다고 꼭 당신에게 불리한 것만은 아니다."라는 말을 남겼다. 호모 이코노미쿠스는 이 말을 믿는다. 그리고 자신에게 유리하게 해석한다. 불공평한 세상이 자신에게 유리하게 작용할 수 있는 가능성에 집중한다.

거인급 글로벌 기업은 자신의 주력상품뿐 아니라 산업 경계를 넘나들며 세를 확장 중이다. 나이키(Nike)는 2013년에 벤처기업인 엑셀러레이터(Accelerator)를 출범시켰다. 이 벤처 기업은 여러 역할을 한다. 먼저 뛰어난 아이디어가 있는 창업가를 선별한다. 미래 주역이 상상력을 발휘할 수 있도록 시드머니 2만 달러를 준다. 소통할 수 있는 사무실과 실리콘밸리에서 활약 중인 선배의 멘토링도 제공한다. 스포츠용품 제조회사가 이제 IT업계에 도전장을 내민 것이다. 스포츠 드링크계 거물 레드불(RedBull)은 이제 단순한 음료 제조회사가 아니다. 레드불 미디어하우스를 설립하고 세계적인 미디어회사로 발돋움을 하고 있다. 익스트림 스포츠를 즐기며 한계에 도전하는 생동감 넘치는 이야기를 생산, 보급, 확산하고 있다. ⁵⁸⁾ 이 회사에서 발간하는 레드불리틴(Red Bulletin)은 한국에서도 2015년 11월부터 월간지로 발행되고 있다.

세계적인 창업 인큐베이터인 프랑스의 스타시옹 F에 자리잡고 있는 네이버 스페이스 그린(Space Green) 한석주 대표는 말했다. 한국에서는 영향력이 큰 네이버지만 프랑스에서는 스타트업 기업에 불과하다고. 네이버는 현재 스타트업 마인드로 프랑스를 유럽진출의 교두보로 삼고 네이버의 자생력과 성장가능성을 타진해보고 있다. 한편 네이버 스페이스 그린은 2,600억 원 규모의 펀드를 운용하는 투자자이자 스타트업을 육성하는 인큐베이터이기도 하다. 또한 제록스 AI 연구소를 인수하고 100명 연구자와 협업해 연구개발도 수행 중이다. 이렇게 동시에 여러 역할을 해야 하는 다중정체성은 앞으로 창업을 고려하는 이라면 당연하게 받아들여야 하는 숙명이다.

그러나 이 창업 공간이 이미 준비된 대기업에게만 열린 것은 아니다. 긍정적인 시각과 섬세한 감수성이 있다면 숨겨진 시장 안 수요를 얼마든지 찾을 수 있다. 에어비앤비(Airbnb)를 창업한 브라이언 체스키(Brian Chesky)도 이런 낙관주의 시각을 견지했다. 백수신세였던 20대 중반의 체스키는 부족한 월세를 충당하기 위해 관광객에게 1주일동안 빈방을 빌려줘 한 달 월세를 손쉽게 벌 수 있었다. 체스키는 빈방을 공유하는 것만으로도 돈을 벌 수 있다는 것을 깨달았다. 그는 사업을 키우기 위해 투자자를 찾았지만 돌아오는 것은 '누가 자기 집을 모르는 남에게 빌려주겠느냐.'라는 싸늘한 반응이었다. 그러나 포기하지 않고 미국 전역을 돌아다니며 에어비앤비 서비스를 이용했던 이들에게 집을 빌려주는 호스트가 되라고 설득했다. 그의 지칠 줄 모르는 집념과 투지 덕분에 에어비앤비는 현재 세계 최대 숙박공유기업으로 성장할 수 있었다. [59]

이미 모든 시장이 포화상태라는 비관적인 마음으로는 결코 창업을 할 수 없다. 체스키가 숙박업소는 전 세계에 넘친다는 부정적인 마인드를 가졌다면 에어비앤비는 존재할 수 없었다. 물론 정교한 예상 시나리오를 준비하는 것은 필수다. 준비 없는 낙관은 근거 없는 비관만큼 위험하다. 이 때 필요(needs)와 욕구(wants)를 구별하는 현명함이 필요하다. 필요는 단순히 결핍을 느끼는 상태다. 음식과 옷, 안전에 대한 인간의 기본 욕망을 떠올리면 된다. 그러나 욕구는 더 구체화된 형태의 필요다. 같은 옷이라도 개인별로 취향, 문화, 연령, 구매력에 따라 원하는 브랜드와 형태, 가격대는 달라질 수밖에 없다. 이렇게 개인별 필요에 따라 분화된 형태로 구체화된 것이 욕구다. [60] 필요 관점에서는 포화 시장일 수 있지만 욕망 관점에서는 무궁무진한 가능성이 있다. 욕망의 불포화시장을 찾아내는 것이 창업가가 해야 할 숙제다.

긍정과 열정의 화신인 창업가는 카페공화국 대한민국을 레드오션으로 보지 않는다. 대신 커피마니아가 인구 상당부분을 점유해 성장가능성이 충분한 블루오션으로 본다. 솔직히 통계만 보면 우울하기 그지없다.

2002년부터 2017년까지 새롭게 개업한 카페 중 서울에 있는 것은 총 2만 6,285개에 달한다. 그중에서 절반 가까운 카페는 이미 문을 닫았다. 이런 어려운 상황 가운데 성공한 카페는 나름의 영업 전략이 있었다. 일부는 일반 상식에 반하는 전략을 펴서 성공하기도 했다.

카페 주인은 커피 한 잔을 시켜놓고 하루 종일 앉아서 공부를 하는 '카공족(카페에서 공부하는 사람)'을 반기지 않는다. 카공족을 받지 않기 위해 아예 매장 내 콘센트를 막아버리기도 한다. 그런데 이렇게 홀대받는 카공족을 주요 고객으로 삼아 성공한 곳도 있다. 벽을 바라보는 1인 테이블에 콘센트를 비치하고 어떤 커피숍은 아예 '카공족 환영해요.'라고 유리문에 써 붙이기도 했다. 음악도 '공부를 위한 백색소음' 전용 사운드로 바꿨다. 이런 환대는 카공족의 마음을 사고 입소문이 났다. 음료수 한 잔으로 몇 시간을 버티는 것이 아니라 샌드위치도 먹고 음료도 추가 주문하며 다양한 '재구매'를 했다. 차별화에 성공해 레드오션을 블루오션으로 탈바꿈시켰다. [61]

새로움을 포착하기 위해서는 세밀한 관찰력이 필요하다. 평범한 사람이 무심코 지나가며 놓치는 것을 잡아낼 수 있어야 한다. 익숙한 것을 다른 각도에서 낯설게 보는 연습이 필요하다. 용도가 정해져 있는 것을 새로운 용도로 전환해보는 것도 필요하다. 아직 세상에 없지만 등장한다면 편의를 제공할 수 있는 것을 고민해보자. 세상이 좀 더 나은 곳으로 진화할 수 있는 서비스를 적극적으로 생각해보자. 익숙한 것을 당연하게 받아들이면 결코 틈새시장을 찾아낼 수 없다.

1995년에 나인 드래곤 페이퍼(Nine Dragons Paper)라는 회사를 설립한 중국 여성 CEO 장인(張茵)은 폐지를 쓰레기로 보지 않았다. 그녀에게 폐지는 골판지를 만드는 원료로 보였다. 이런 시각 전환을 통해 장인은 중국에서 가장 큰 골판지회사를 일구게 되었다. 중국에서 물건을 싣고 세계 각지로 가는 배는 보통 텅 빈 채로 돌아오기에 매우 싼 값에 폐지를 중국으로 들여올 수 있었다. 게다가 중국이 전 세계 생산기지로 변신함에 따라 수출제품 포장용 골판지 수요도 날로 급증해 큰 성공을 거뒀다.[62]

사업 아이템을 찾았다면 기동력 있게 실천으로 옮기는 결단력도 필요하다. 우물쭈물하다가는 기회를 놓친다. 완벽한 기획보다 신속한 실험이 더 강조되는 시대다. 생산에 걸리는 시간을 단축해 기획이 재빨리 서비스로 이어지게 하는 것이 창업가의 임무다. 시작단계부터 철저하게 만들겠다고 시간을 끌면 오랫동안 공들인 아이디어에 집착하게 된다. 버리는 것이 필요할 때도 쉽사리 결정을 하지 못하게 된다. 그러나 시장은 기다려주지 않는다. 시제품을 빨리 만들어 소규모 시장에 내놓은 후 반응을 관찰해야 한다. 고객이 아쉬워하는 부분을 신속하게 보완해 개선된 제품과 서비스를 다시 내놓는 것이 생존여부를 결정하기 때문이다. 제품을 구매하는 고객층을 분석해보면 새로운 제품이 출시되자마자 사는 이

노베이터(innovator) 소비자는 약 2.5%이다. 조기에 구매하는 얼리 어답터 (early adoptor)는 13.5%에 달한다. 16%를 차지하는 이 혁신 소비자그룹의 마음을 얻지 못하면 제품은 용도 폐기해야 한다. 대중은 이 두 집단의 반응을 보고 제품 구매여부를 결정하기 때문이다. [63)

실리콘밸리 알토스 벤처스(Altos Ventures) 김한준 대표는 한국 기업은 제품을 기획한 후에 내놓기까지 시간을 너무 오래 끌기 때문에 한국에서 스타트업기업이 나오기 힘들다고 이야기한다. 실패 했을 때 책임지는 것이 두려운 그들은 이리저리 재단해가며 보고 또 본다. 그는 이렇게 기획단계에서 논쟁할 시간이 있으면 시장에서 어떻게 효율적으로 테스트할지를 고민하는 데 써야 한다고 일침을 놓는다. [64) 중요한 것은 고객의 반응을 봐가면서 부족한 초기 형태를 더 나은 제품으로 만들어가는 과정이기 때문이다.

스스로 위험을 감수하고 책임지면서 무엇인가를 직접 할 때 아이는 조금씩 어른이 되어간다. 어른도 마찬가지다. 지금 내가 종사하는 업종이 얼마나 더 오래 지속될지 아무도 장담할 수 없다. 이제는 각종 수치로 보이는 스펙이나 특정 학교 졸업장보다 사회에 얼마나 빠르게 적응하고 변화의 주도세력이 되느냐가 중요하다. 호모 사피엔스끼리 경쟁할 때도 우월한 고지를 점할 수 있었던 낙관주의라는 열쇠는, 앞으로 로봇 사피엔스와 겨뤄야 하는 미래에도 우리의 앞날을 지혜롭게 안내하는 방향타가 될 것이다.

7. 고독을 견디고 혁신을 이루는 힘

큰 성공을 이루기 위해서는 자신을 의도적으로 유폐시켜야 할 필요도 있다. 고독을 견딜 수 있는 힘을 지녀야 한다. 예기치 못했던 난관을 극복하기 위해 때로는 심연의 목소리에 귀 기울이면서 해결책을 모색해야 한다. 성공한 CEO는 큰 성취감을 얻기 위한 지난한 과정 중에 힘겹고 외로운 고군분투를 벌이는 경우가 많다. 힘들어도 터놓고 이야기를 풀어놓을 데도 마땅치 않다. 고생한 만큼 실적이 나오지 않아도 고정적으로 지출해야 하는 경직성 경비를 마련하기 위해 마음 졸여야 한다. 이럴 때 포기하는 대신에 홀로 있는 공간에서 위기를 극복하고 말겠다는 굳은 각오를 다진다. 혼자만의 시간을 성찰하며 보낸다. [65]

성공을 향한 여정 중에 종종 자신의 삶을 질투하는 주변 험담을 듣게된다. 본인 인생은 뒷짐 지고 대충 사는 이는 남 인생에 개입해 불필요한 훈수를 두거나 뒷담화를 한다. 치열하게 뜨거운 삶을 사는 성공 추구형 인재는 시기어린 동료의 입방아에 올라도 개의치 않는다. 남의 목소리에 맞춰 자신의 궤도를 수정하지 않는다. 인생에서 중요하지 않는 엑스트라

인물의 시선에 휘둘리며 살면 어떤 것도 이룰 수 없다는 것을 알기 때문이다. 목표만 똑바로 바라보고 달려도 달성할지 여부가 불확실하다. 그러니 세상의 잣대나 주변 이 눈초리까지 신경 쓸 여유가 없는 것이다.

사실 타인의 시선은 머릿속에서 만들어진 경우가 많다. 남들이 나를 어떻게 바라보는지는 그들의 문제다. 나의 문제가 아니다. 내 인생 살기도 버거운데 다른 이 문제까지 짊어지면서 내 인생을 더 무겁게 만들 필요가 없다. [66] 다른 이 인생에 개입해 이런저런 이야기를 늘어놓는 사람은 자기 삶이 재미없으니 타인의 열정적인 삶이 부러워 애써서 흠을 찾아내고 싶어 한다. 이렇게 부정적인 이를 변화시킬 수 있다는 자신감이 있다면 가까이해도 괜찮다. 하지만 이럴 엄두가 안 나면 과감하게 거리를 두는 게 현명하다. 진정성 있는 속도와 무게로 자신의 삶을 사는 이는 다른 사람 인생에 참견할 만큼 시간적 여유가 충분하지 않다. 요청도 받지 않았는데 무례하게 불쑥 끼어들 만큼 생각이 얕지 않다.

역사 속 많은 인물이 타인의 시선이 얼마나 편파적일 수 있는지 보여준다. 뛰어난 재능이 있는데도 시대의 인정을 받지 못했던 고흐(Vincent van Gogh)도 빼놓을 수 있다. 그는 원래 성직자 지망생이었다. 목사가 되고 싶었지만 빈곤에 찌든 학생들에게 체납 수업료를 받아내라는 지시를 차마 따르지 못해 학교에서 쫓겨났다. 탄광촌에서 전도를 할 때는 소생 가능성이 낮아 수지타산이 맞지 않는다고 회사에서 외면한 환자를 끝까지 포기하지 않았다. 매일 곁에서 상처를 소독하고 끊임없이 기도해서 낫게 했다. 그럼에도 고흐는 전도사에게 요구되는 설교역량이 부족하다는 이유로 해고됐다. 그는 살아 있는 동안 화가로도 거의 인정받지 못했다. 식량을 구하기 위해 헐값에 작품을 팔 수밖에 없었고 그림을 사들인 고물상 주인은 물감을 깎아 중고 캔버스로 팔았다. 말년에 아를에서 그의 치료를 담당했던 의사는 그의 작품을 닭장 여닫이문으로 썼다. 생레미 정신병원 의사의 아들은 고흐가 남긴 그림 일부를 사격 과녁으로 썼다. 생사 갈림길에서 마지막까지 고흐가 힘겹게 잡고 있었던 예술은 남동생 테오를 비롯한 소수에게만 인정받았다. 궁핍한 가운데 작품 재료비를 아끼는 대신에 빵을 줄였던 그는 세상이 알아보기 전, 너무 일찍 세상을 떠나버렸다. [67]

요즘처럼 마케팅능력이 각광받는 세상 관점에서 본다면 고흐가 자신을 알리기 위한 노력을 너무 게을리한 것이 아닌가라는 의구심이 들 수 있다. 하지만 내가 노력하는 것과 다른 이가 내 진정한 가치를 알아주는 것은 별개다. 아무리 실력이 뛰어난 무림의 고수라도 내 가치를 피력할 수 있는 프레임이 없는 상황에서는 세상의 이목이 집중되지 않는 경우가 허다하다.

죠수아 벨(Joshua Bell)은 열일곱 살에 카네기 홀에서 데뷔해 세계 유수 관현악단과 협업하고 각종 상을 휩쓴 세계적인 바이올리니스트다. 하지만 촉망받는 음악가라도 야구 모자를 눌러쓴 채 신분을 감추니 별 수 없었다. 그가 지하철역에서 43분간 연주하는 동안 잠깐이라도 멈춰 연주에 귀 기울인 이는 단 7명에 불과했다. 연주장소 인근 복권 판매소 앞에는 복권을 사려는 사람이 줄지어 서 있었지만 고개를 돌려 연주를 감상하려는 이는 아무도 없었다. 벨 옆에서 일하던 구두닦이는 '깽깽이' 소리가 시끄럽다며 투덜댔다. 이 실험은 뛰어난 재능을 가진 사람이라는 타이틀과 후광효과가 없이 세간의 관심을 받는 것이 쉽지 않다는 것을 보여준다. [68]

노력해도 원하는 결과가 나오지 않는다고 해서 인생을 폄하해서는 안 되는 이유다. 세상이 인정해주지 않는다고 내 삶의 고귀함이 사라지는 것도 아니다. 운 좋게 내 가치를 알아준다면 다행이지만 공명하는 이를 못 만났더라도 좌절하지는 말자.

KAIST 박대연 전기전자공학과 교수도 세상이 알아줄 때까지 외로운 순간과 고비를 이겨내라고 주문한다. 그는 1998년에 미들웨어(middleware) 기술을 개발했다. 미국 이후 최초였다. 각종 컴퓨터 프로그램이 충돌을 일으키지 않게 연결하는 미들웨어는 OS(운영체제), DB엔진과 더불어 IT 3대 기술에 속한다. 당시에 원천기술을 갖고 있는 일부 미국 기업만 수백억 독점 이익을 거뒀다. 박교수의 미들웨어 기술 개발 후에 국내시판가는 25% 수준으로 하락했고 국내 기업은 이 부가가치를 누릴 수 있게 되었다. 박교수는 이 기술을 개발하면서 문제에 봉착할 때면 원인도 알 수 없고 물어볼 이도 없는 상황에서 엄청난 고통의 시간을 겪었다고 고백했다. 이럴 때면 KAIST 뒷산에 가서 소리 내어 울었다고 한다. [69] 이처럼 처절히 외롭고 힘든 과정을 겪은 후에야 혁신적인 산물을 만들어낼 수 있었다.

낯선 땅에서 억압받고 생존을 위협받는 가운데 고통을 극복한 후에 유대인은 뛰어난 부를 이룰 수 있었다. [70] 풍요로움이 언제나 성공을 담보하는 것은 아니다. OECD 안드레아 슐라이허 국장은 "기술은 무한하다. 기름은 그렇지 않다."라며 자원부국 아랍 에미리트 국가 인적자원의 빈곤을 정면으로 비판했다. [71] 풍부한 석유를 무기로 어마어마한 부를 축적한 중동국가가 국제학업성취도평가를 비롯한 각종 성취도에서 실망스러운 결과를 보이는 데 대해 뼈아픈 지적을 내린 것이다. 이런 점에서 우리나라도 희망이 있다. 우리나라는 생존이 위협당하는 상황에서 '사람'이라는 유일한 원천을 무기로 살아남았다. 극복하고 채워넣을 수만 있다면 결핍은 내가 풍요로워질 수 있다는 기회와 가능성의 동의어다.

경제인의 통찰 : 만들어가는 미래 성공 공식

산업과 시장의 익숙한 모델과 공식이 급속도로 와해되고 있는 지금 신흥국과 선진국의 균형점도 이동을 거듭하고 있다. 닷컴시대에는 선진국이 일방적으로 경기를 끌고 나갔다. 2008년 리먼 브러더스 사태 이후 촉발된 미국발 글로벌 금융위기 후에는 신흥국의 급부상이 돋보이는 뉴노멀(New Normal)시대였다. 10여년의 뉴노멀은 이제 막을 내리고 지금 우리가 살고 있는 시대를 한마디로 정의내리기는 어렵다. 확실한 것은 시장과 사업 경계뿐 아니라 신흥국과 선진국 경계 또한 흐릿해지고 있다는 것이다. 세계 경제 축을 이끄는 미국과 중국이라는 양대 산맥이 있지만 군웅할거 시대 특징도 띄면서 국가 간 힘의 재분배가 진행 중이다.

이런 점에서 내수시장이 제한적인 대한민국에 자신을 가두지 말고 국경 밖으로 시선을 과감하게 돌려보는 것은 어떨까. 재능과 해외 니즈 간 접점을 찾을 수만 있다면 인도나 동남아처럼 떠오르는 시장에도 기회는 널려 있다. 현재 경제추세가 지속된다면 2030년에는 2만 달러 이상 소득을 올리는 중산층 인구 10명 중 6명은 신흥국에서 나올 것이라 전망되고 있다. [72] 특정 국가 소득분포가 어떤 모습을 띠고 있는 지는 구매력을 가늠할 수 있는 바로미터가 된다. 특히 중산층 가구 비율이 증가할수록 국가 전체적인 구매력이 증가하기 때문에 신흥국에서 새로운 삶을 꿈꾸는 이들은 중산층이 증가 중인 국가를 눈여겨볼 필요가 있다. [73]

도시화와 산업화가 얼마나 진행되는지도 거주민 구매력을 간접적으로 알려주는 지표가 된다. 한국과 일본을 비롯한 대부분 선진국은 이미 90% 이상 도시화가 진행되었다. 신규수요를 이끌 만큼 매력적이지 않는 한 폭발적인 소비를 이끌어내는 것이 어렵다. 하지만 중국은 2020년이 되도 도시화율이 60% 정도에 불과할 것으로 예측된다. [74] 서울대 빅데이터연구원 차상균 원장은 우리나라 간판 IT 회사인 네이버는 하청기업 근로자까지 다 합쳐도 4,000여 명에 불과한데 중국 국민 메신저 QQ와 위챗을 만든 장본인인 텐센트에 근무하는 5만여 명의 평균 연령은 단 27세에 불과하다고 했다. 텐센트가 자리 잡고 있는 심천에는 세계 핸드폰 시장 2위로까지 약진한 화웨이도 있다. 세계 1위 택배시장인 중국에서 당당히 최상위 택배회사로 이름을 알리고 있는 순풍(SF Express)도 심천에 보금자리가 있다. 세계 1위 드론회사인 따장 이노베이션(DJI)은 2006년에 설립된 스타트업 기업인데 소비자용 드론 시장의 약 70%를 점유하고 있다. 수적으로는 도저히 중국을 능가할 수가 없으니 글로벌 마인드와 역량을 지닌 뛰어난 인재 양성이 절실한 이유다. 이미 상당수 시장이 중국이라는 거대 원심력에 흡수되고 있다. 중국은 무시할 수 없는 대규모 시장이다.

인구 증가가 경제발전을 견인하는 인구 보너스 시대로 진입한 국가도 눈여겨보자. 세계최저 합계출산율에다 기대수명이 늘어나고 있는 한국은 중위연령을 기준으로 2030년이 되면 여덟 번째로 가장 늙은 국가가 된다.[75] 젊은 인구가 늘어나는 성장하는 지역에서 새로운 기회를 찾아야 한다. 세계 인구는 급속도로 증가해 2050년에는 95억 명 남짓에 이를 것으로 전망된다. 추가로 늘어나는 인구의 상당수는 신흥국 출신이다. 특히 인도는 세계인구대국으로 주목을 받게 될 전망이다. 2025년에는 인도 인구가 15억 명이 되어 중국을 제치고 세계에서 가장 인구가 많아질 것으로 전망된다. 전문가들은 급증하는 인구의 힘을 바탕으로 2050년이 되면 인도중산층 소비비율이 미국을 능가할 것으로 예상한다.[76] 인도 외에도 인도네시아, 필리핀, 베트남, 멕시코, 이란과 같은 나라가 인구 보너스 시대를 맞이해 선진국과 비슷한 소비행태를 보일 것으로 기대된다.[77]

그러나 신흥국에는 기회가 있는 만큼 난관도 꽤 있다. 선진국만큼 의사결정과정이나 행정이 투명하지 않고 지도자 역량과 청렴도, 외국 투자유치에 대한 관심도에 따라 편차가 크다. 그렇기 때문에 꼼꼼한 사전준비 없이 덜컥 신흥국 문을 두드렸다가는 실패만 거듭할 우려가 있다. 경제적, 사회적, 문화적 토양을 잘 숙지하고 현지전문가, 먼저 진출한 사업가, 현장 목소리를 바탕으로 향후 변화 흐름까지 예측하는 힘을 기른 후에 도전해야 한다.

뉴노멀 시대와 작별한 지금, 선진국에는 예전과 다른 새로운 기회가 잠재해 있다. 10여 년 전 급등하는 인건비와 에너지 비용 때문에 극심한 산업위기를 겪었던 독일은 4차 산업혁명이 도래했다는 신호탄을 제일 먼저 쏘아 올리면서 속도감 있게 대응방안을 마련 중이다. 지멘스(Siemens), 보쉬(Bosch)와 같은 대기업뿐 아니라 작지만 강한 많은 중소기업이 탄탄하게 독일 경제를 지탱하고 있어 앞으로도 기대가 촉망된다.[78]

프랑스도 마찬가지다. 디지털 패권을 장악하겠다는 거대한 꿈을 품고 발 빠르게 움직이고 있다. 마크롱(Macron) 대통령은 산업부 장관 시절 '기술강국 프랑스'라는 의미의 라 프렌치 테크(La French Tech) 정책 출범에 일등공신이었다. 대통령의 전폭적인 지지를 바탕으로 프랑스의 노후화된 시설들이 첨단기지로 탈바꿈되고 있다. 세계에서 가장 큰 창업인큐베이터 스타시옹 F(Station F)도 이런 곳 중 하나다. 1920년대에 만들어진 용도 폐기상태의 철도기지를 리모델링해서 2017년 6월에 스타시옹 F 문을 열었다. 3천개 이상의 작업 공간과 20개 이상의 창업 프로그램이 상시 운영되고 있고 일반인도 이용가능한 공용 공간이 있다. 부지는 여의도공원의 15배에 이른다. 에펠탑 높이만큼의 길이를 자랑하는 세계에서 가장 큰 규모의 스타트업 육성단지다. 프랑스 통신사 프리(Free)의 CEO 그자비에 니엘(Xavier Niel)이 개인적으로 2억5천만 유로를 투자해서 만든 민관협력의 산물이다. 프랑스 정부는 스타트업 생태계를 육성하기 위해 혁신적인 세제감면과 비자정책을 펼치면서 전 세계의 전도유망한 IT 인재들을 흡수하고 있다. 이미 한국에서 포화상태인 에듀테크(Edutech)산업과 관련해 창업을 염두에 두고 있다면 아직 시장 성장가능성이 높은 프랑스에서 시작하는 것도 고려해볼 만하다.

20년간 장기 경제 불황의 아픔을 딛고 완전고용상태에 가까운 호황을 누리고 있는 일본도 흥미롭다. 일본은 앞으로 생산가능인구가 매년 60만 명 씩 10년간 600만 명이 감소할 것으로 예상된다. 이 부족분을 해외 우수인재로 메우기 위해 유학생 유치도 2020년까지 30만 명으로 늘리고 이 중 절반이 일본에서 취업할 수 있도록 장려하겠다는 포부를 천명했다. 일본어가 능통하고 일본문화에 적응할 자신이 있다면 눈여겨볼 국가다.

그동안 진행된 산업혁명은 과거 유물과 결별하도록 했다. 19세기에는 기계가 숙련 장인을 대체했다. 20세기에는 컴퓨터가 중간계층을 구축해 양극화를 초래했다. 21세기는 저숙련, 저임금 일자리뿐 아니라 전문직 영역이라 일컬어지는 의료와 법률분야까지도 상당부분 첨단기술로 대체될 것으로 전망된다. 어느 분야도 100% 안전하다고 볼 수 없다.

하지만 산업혁명은 낯설지만 새로운 기회와 일자리 또한 제공해왔다. 이번 혁명도 마찬가지다. 가치창출 구조가 예전과 달라져서 불안감을 불러일으키지만 이 변화에 적극적으로 동참하면 새로운 기회를 잡을 수 있다. 전문가는 새로운 혁명이 전체 일자리 감소분을 상쇄해 제조업에서 300만 개, 서비스 분야에서 700만 개에 이르는 새 직업이 등장할 것으로 예측한다. [79]

결국 인공지능과 차별화만 확실히 할 수 있다면 어느 분야도 100% 불안하다고 볼 수 없다. 성공의 요체는 새로운 변화를 빠르게 파악하고 그 조류 속에서 새롭게 대두되는 니즈를 파악하는 능력이다. 물론 소신을 뚝심 있게 열정적으로 밀고나가는 뒷심도 필요하다. 사마천이 이야기했듯이 삶에는 미리 정해진 원칙이 있는 게 아니다. 원칙은 우리 스스로가 만들어나가는 것이므로 21세기 성공공식은 우리가 만들면 된다.

한국인은 집단주의 성향이 강해 조직의 통제논리에 순응하고 개인보다는 어느 집단에 속한 일원으로서 자아를 더 중요시하는 것처럼 알려져 있다.[80] 그러나 우리는 강한 소속감을 느끼는 '조직'에서 언젠가는 떠나야 한다. 게다가 조직을 나와도 건강만 허락한다면 수십 년을 더 살아야 한다. 그렇다면 조직만 위하기보다 내 성장도 도모할 수 있는 업을 가져야 한다. 요즘 스마트한 창업자가 개인이 자신의 성장을 위해 최선을 다하면 자신이 속한 조직도 발전할 수 있도록 섬세하게 설계를 하는 이유다.

경제인의 배움 비법: 時테크하라

오늘 86만4,000원이 생긴다면 어떻게 쓰고 싶은가? 이 돈을 쓰는 데 조건이 있다. 매일 0시에 당신의 통장에 이 돈이 입금되고 다 쓰지 못해도 자정에 잔액은 사라진다. 대충 아무렇게나 쓰지는 않을 것이다. 특히나 경제관념이 발달한 호모 이코노미쿠스는 더욱더 체계적이고 전략적으로 쓸 것이다. 호모 이코노미쿠스는 돈만 이렇게 지혜롭게 쓰는 게 아니다. 시간도 돈처럼 아껴 쓴다. 시간이 돈 못지않게 매우 중요한 자산이라는 점을 일찍이 터득했기 때문이다.

우리에게는 매일 86,400초라는 어마어마한 시간이 주어진다. 호모 이코노미쿠스는 이 시간을 결코 허투루 흘려보내지 않는다. 이들의 눈에 띄는 시간관리 노하우는 바로 시간가계부를 쓰는 것이다. 마치 금전 가계부처럼 시간도 수입과 지출 란으로 나눠서 꼼꼼하게 기록한다. 계획만 세우고 지키지 않으면 무의미하기에 하루를 마감하면서 계획 대비 얼마나 준수했는지도 꼼꼼하게 점검한다. 실제로 소요된 시간과 계획 간 갭을 줄여가는 과정은 더 현실감각 있는 계획을 세우는 데 도움이 된다. 이렇게 적는 것만으로도 시간관념이 뚜렷해져 시간을 더욱 효율적으로 쓸수 있다. 마치 금전가계부를 쓰지 않을 때 돈에 대한 개념이 흐릿해서 잔고를 생각하지 않고 마구 쓰다가 가계부를 적으면서 정신 차리고 돈 관리를 하는 것과 마찬가지다.

유가 셀러브리티 다카시마 미사토 대표이사는 하루를 27시간으로 살고 있다. 어릴 때부터 소설과 그림을 좋아했던 그녀는 책 읽고 그림 그리는 시간을 마련하기 위해 초등학교 4학년 때부터 모든 숙제, 예습, 복습을 학교에 있는 동안 끝내는 습관을 갖게 됐다. 이렇게 효율적으로 시간 관리를 하면서 공부해서 매일 2시간 이상을 확보했다. 이 시간을 활용해 총 3,000권에 달하는 책과 만화를 읽었다. 연륜이 쌓이면서 그녀의 시간 관리 노하우는 점점 더 빛을 발했다. 지금은 집에서 아이를 키우면서 짬짬이 일을 해 연 30억 원 정도 매출을 올리고 있다.

다카시마 미사토 이사는 시간가계부를 짤 때 듬성듬성 30분, 1시간 단위로 적는 것을 추천하지 않는다. 최대한 촘촘하게 짤 것을 주문한다. 그래야 의식하지 못하고 낭비하는 시간을 잡아낼 수 있기 때문이다. 5분 단위로 작업하는 것을 기록하다 보면 쉴 새 없이 일한다고 여겼지만 과업 사이에 빈틈이 얼마나 있는지 깨닫게 된다. 몰입시간을 정해 다른 일이 끼어들지 않도록 하는 것도 중요하다. 아무리 시간이 많아도 자꾸 방해를 받다 보면 다시 집중력을 발휘할 때까지 시간이 걸려 제시간에 일을 끝내기가 쉽지 않기 때문이다. 이런 식으로 끊임없이 일의 순서를 바꾸

거나 효율적으로 일할 수 있는 방법을 고민하면 최적의 속도로 일을 신속하게 끝낼 수 있다.[81]

시간을 아껴 쓰는 것도 중요하지만 우선순위를 정해 필요한 일을 중심으로 재설계하는 것도 중요하다. 일을 가지치기하는 것이다. 일을 슬림화하고 생활과 삶의 원칙을 단순화하자. 원칙이 많으면 압도당한다. 이 원칙을 지키지 못하는 내 자신에 대한 신뢰가 저하된다. 자존감이 떨어진다. 삶이 혼란스러워진다.

공부 잘하는 사람은 자투리 시간도 대충 보내지 않는다. 시간을 잘 쓰는 이도 마찬가지다. 긴급성과 중요성을 기준으로 하루에 처리해야 하는 일을 나누어보자. 중요하고 시급한 일은 가장 먼저 해야 한다. 중요하지도 시급하지도 않은 일은 일단 오늘은 하지 않아도 된다. 하지만 중요하지만 시급하지 않은 것들은 내 인생을 풍요롭게 만들기 위해 꼭 필요한 것이기 때문에 절대로 빠뜨려서는 안 된다. 건강을 챙기기 위한 운동, 역량을 향상시키기 위한 공부, 인생 목표를 이루기 위한 투자와 같은 것이 시급하지 않지만 중요한 항목이다.

하지만 이렇게 시간을 아낀다고 가족과 소중한 추억을 함께 나누는 시간마저 아껴서는 안 된다. 진정한 경제인은 꼭 필요한 데는 통 크게 시간을 쓸 만큼 지혜롭다.

V

융합인,
호모 컨버전스

Homo Convergence

경 계 를 허 물 어 라

1. 과학과 인문학이 함께 일하는 시대

아직은 3차 산업혁명일 뿐이라며 4차 산업혁명을 존재를 부인하는 전문가들조차도 차세대 인재 역량에 대해 공동의 목소리를 내는 지점이 있다. 바로 호모 컨버전스(homo convergence) 융합인재가 필요하다는 것이다. 융합인재를 키우기 위해서는 좌뇌와 우뇌를 골고루 발달시킬 수 있는 교육을 병행해야 한다. 미래학자 다니엘 핑크(Daniel Pink)는 미래사회를 지배할 인재는 창의성과 감수성이 발현되는 우뇌와 조직력과 이성의 힘을 관장하는 좌뇌가 이상적으로 조화를 이룬 사람이라고 했다. [1]

융복합 인재를 양성하기 위해서는 지금과 같이 세부적인 전공으로 분화된 칸막이식 교육으로는 한계가 있다. 전공이 이공분야라면 인문학적 소양까지 겸비하라는 주문이 버거울 수 있다. 인문사회학 전공자에게 코딩, 수학, 과학을 강조하는 게 부담스러울 수 있다. 하지만 지금은 전공 분야 너머 다양한 분야에 대해 아마추어 정도의 기초지식을 갖출 것을 요구한다.

인문사회학을 전공한 나는 과학 산물은 즐겁게 누리지만 과학을 깊이 이해하고 과학적으로 사고하는 것은 어렵다고 느낄 때가 많다. 나 같은 사람을 위해 이화여대 최재천 석좌교수는 과학의 문턱을 낮춰 일반대중이 쉽게 과학을 이해할 수 있도록 노력하고 있다. 최 교수에 따르면 해방 이전에는 인문학과 자연과학의 경계가 이렇게 견고하지 않았다. 그는 국경을 넘을 때 여권 검사하듯 학문 경계를 넘을 때마다 지식을 쪼개서 보는 시각에 종지부를 찍어야 한다고 주장한다. 과학도 언어를 사용하고 분석과 종합을 필요로 하므로 인문학적 소양이 필요하다. [2] 학문 간 구획이 명확하지 않았던 중세시대에는 다양한 분야에 걸쳐 해박한 지식을 갖춘 이를 '르네상스인'이라고 불렀다. 지금 우리는 중세시대 르네상스인처럼 다양한 방면에 걸쳐 지혜와 경험을 갖춘 '신르네상스인'이 필요하다.

이런 배경에서 하나의 뿌리에서 비롯된 인문학과 자연과학 사이에 세워진 인위적인 칸막이를 낮추기 위한 노력이 진행 중이다. 우리나라를 비롯한 세계 주요국은 초중등학교에서부터 교과 간 통합을 통해 특정 주제별 수업을 하고 있다. 다양한 학문에 대한 기초체력을 기르고 흥미를 일깨워주기 위해서다. 세계적인 수준의 대학 학부과정에서도 학문의 경계를 깨려는 움직임이 있다. 공과대학의 대명사 MIT는 역사, 철학, 문학과 같은 인문학 수강을 의무화하면서 인문예술 수업을 강조하고 있다. 인문사회분야 강점대학인 하버드대와 프린스턴대는 이공계를 부흥할 수 있는 전략을 설계하고 학생 창업을 지원하고 있다.

실제 삶을 살다 보면 전공분야 지식과 경험만으로 해결하기 어려운 문제를 자주 만난다. 급변하는 미래사회에서는 이런 도전적인 상황에 더 직면할 것이다. 첨단 신기술 개발은 어렵다. 하지만 이런 과학발전이 인류를 위해 어떤 기여를 해야 하는지 구체적인 방향을 제시하려면 인문사회학적 소양을 갖춰야 한다. 인문학의 차세대 권위자로 떠오르는 유발 하라리(Yuval Harari) 교수는 인간에 대한 깊은 이해와 분석을 바탕으로 '몸과 뇌, 마음'을 읽고 이에 맞는 제품과 서비스를 제공하는 것이 앞으로 중요한 과제가 될 거라고 진단했다.[3] 다양한 욕구 안에 있는 잠재수요를 찾고 행동 이면에 깔린 동기를 이해하려면 철학과 심리학처럼 인간을 이해하는 학문에 대한 지식이 필요하기 때문이다.

　이공분야 전공자가 인문학적 소양을 갖춰야 하는 것처럼 인문사회학 전공자도 이공분야에 어느 정도 전문성을 가져야 한다. 클라우드, 사물인터넷, 빅데이터, 인공지능기술은 이제 더 이상 정보통신기술 전공자에게만 낯익은 용어가 아니다. 어문학 전공자가 이런 분야에 어느 정도 지식을 갖출 수 있다면 더 인정받을 수 있다. 인공지능기술에서는 말의 의미를 분류하는 과정이 필요하다. 그런데 사전적 의미를 정의하는 것은 언어학을 전공한 사람과 비전공자 간 의미전달의 정확성 면에서 차이가 클 수밖에 없다. 인공지능기술이라는 이공분야에서도 자연어 처리를 할 때 언어학을 전공한 사람이 반드시 필요한 이유다.[4]

지금 직장생활을 하는 청년의 경험을 들어보면 문과계열을 전공해도 이공분야에 직업을 갖는 경우가 꽤 있다. 프로그래밍 언어처럼 자신에게 부족한 분야를 따로 공부해 일반 인문학 전공생과 차별화를 한 덕분이다. 외국어가 능통해 외국계 기업의 문턱도 넘을 수 있다는 강점도 있다. 이들은 처음 둥지를 튼 회사에 안주하지 않는다. 주기적으로 직장을 바꿔가며 자신에게 필요한 광고마케팅, 디자인, 엔지니어링, 영업 등 다양한 분야에 걸쳐 전문성과 인맥을 쌓는다. 옮길 때마다 몸값을 높여가는 것도 잊지 않는다. 이렇게 다방면에 걸쳐 쌓은 경험과 지식은 미래시대가 요구하는 창의성을 기르는 지름길이 된다.

IBM에서 전 세계 60여 국가 CEO 1,500명에게 성공적인 지도자가 되기 위해 꼭 필요한 요건을 물었다. 그들은 이구동성으로 '창의력'이라고 대답했다. 창의력이란 유창성, 유연성, 정교성, 독창성, 민감성이라는 다섯 가지 역량의 총체다. 유창성은 가능한 많은 아이디어와 생각을 떠올리는 것이다. 유연성은 다양한 각도로 현상을 파악하는 역량이다. 정교성은 아이디어를 더욱 구체화하고 다듬는 것이다. 독창성은 기존 지식의 범주에서 벗어나 새로운 기능이나 문제해결방식을 찾아내는 것이다. 민감성은 높은 감수성으로 오감을 통해 정보를 받아들이는 것이다. 창의력의 이런 요소들은 지능처럼 많이 쓰고 훈련을 하면 키울 수 있다. 창의적 문제해결 방법론인 트리즈(TRIZ)의 창시자 겐리히 알트슐러(Genrich

부모 혁명

Altshuller)도 창의력은 선천적인 능력이 아니라 누구나 노력하면 키울 수 있는 것이라고 주장했다. [5]

지금처럼 물리적 세계와 디지털 세계가 융합하고 매우 긴밀하게 연결되어 있는 시대에는 창의성을 근간으로 한 혁신적인 제품만이 시장에서 살아남을 수 있다. 매년 초가 되면 전 세계 기업가는 라스베이거스를 주목한다. 미국 가전협회가 주관하는 세계 최대 규모의 세계가전 전시회(CES: Consumer Electronics Show)가 개최되기 때문이다. 1967년에 첫 번째 대회를 개최한 이후, CES는 세계 가전업계 동향을 파악하고 소비자기술 분야에서 활약하는 전문가의 교류 공간이 되었다. 2019년에는 글로벌 기업 4,500여 개가 참여했는데 AI기술을 접목하지 않은 제품은 거의 없었다. 개막 기조연설을 한 지니 로메티(Ginni Rometty) IBM 회장은 데이터를 '세계에서 가장 위대한 천연 자원'이라고 강조하면서 건강관리, 교통, 운송에 이르기까지 폭넓은 혁신을 가능하게 한 인공지능기술의 중요성에 대해 역설했다. [6]

전통적인 제조업계는 이제 최첨단 기술을 만나 대대적인 변신 중이다. 소비자가 기대하는 이상의 품질을 갖춘 제품과 서비스를 제공하는 차세대 유망산업으로 탈바꿈하고 있다. 몇 년 전 구글은 스마트 콘택트렌즈를 선보인 바가 있다. 겉보기에는 일반렌즈 같지만 머리카락 굵기 두께의 감지기와 칩이 내장되어 눈물로 혈당수치를 실시간으로 측정할 수 있다. 손가락을 찔러 피를 내 혈당을 측정하는 번거로움을 극복한 것이다. [7] 칩이 내장된 전동 칫솔도 있다. 스마트폰과 블루투스 통신방식으로 연결하면 양치질 습관과 치아 상태가 데이터로 저장된다. [8] 칫솔을 만들어 팔던 생활용품 제조업체가 이렇게 쌓인 빅데이터를 바탕으로 치과의사들과 협업하면 치위생 기계 개발도 가능할 것이다. 지멘스나 GE와 같은 의료기기분야 대기업들이 혁신을 게을리하지 않는 이유다. 변화의 부침이 심한 격동의 시대일수록 혁신의 가치는 높아진다. 가공할 만한 속도로 발전하고 급변하는 세상을 이끌어갈 역량은 창의성에 달려 있기 때문이다.

그런데 인간의 고유영역이라고 여겨졌던 창의적인 분야인 음악과 미술까지도 인공지능이 조금씩 잠식해가고 있다. 뉴욕 크리스티 경매장에서는 인공지능이 그린 벨라미 가족 시리즈 중 한 작품인 '에드먼드 드 벨라미(Edmond de Belamy)'가 무려 5억 원에 가까운 금액에 낙찰되었다. [9] 이 인공지능은 파리 예술공학단체 오비우스(Obvious)의 프로그래머들이 개발한 것이다. 이렇게 컴퓨터 인공신경망 알고리즘으로 제작한 초상화는 2018년 2월에도 한 개인 수집가에게 12,000달러에 팔린 적이 있다. 이 인공지능은 중세시대부터 20세기까지 15,000여 미술작품을 학습한 경험을 바탕으로 작품을 생산했다. 음악도 마찬가지다. AI 작곡가가 딥러닝으로 학습해 만든 곡은 인간 작품과 구별이 쉽지 않다.

인류의 전유물로 여겨져 온 창의적인 분야를 AI가 얼마나 잠식할 것인가는 중요한 쟁점이다. 그러나 알고리즘화가 가능하지 않은 영역은 인류만이 새로운 지평을 열 수 있다. 알파고에 버그를 초래했던 이세돌의 78수와 같은 창의적인 분야를 개척하는 것은 우리 몫이다. 새로운 기술과 인류가 조화롭게 공존할 수 있도록 제도적인 장치를 만드는 것도 인간만이 가능하다. 그러나 새로운 작품을 AI가 만들었는지 인간의 산물인지 소유권을 따지는 것보다 더 중요한 것이 있다. 바로 더 많은 사람이 인류와 AI가 협업해서 만든 기술과 문화의 편익을 누릴 수 있는 여유와 힘을 지닐 수 있게 하는 것이다.

〈타임〉지는 2001년부터 세상을 편리하게 만든 획기적인 제품을 선정해 '최고의 발명품'으로 발표하고 있다. 2006년에 선정되었던 유튜브는 영상미디어 분야에 대변혁을 초래했다. 2018년에 조사한 희망직업에서 우리나라 초등학생들이 다섯 번째로 많이 희망했던 직업은 콘텐츠크리에이터이자 인터넷 방송진행자인 유튜버였다. 제조업 혁명을 이끌고 있는 3D 프린터는 2014년에 타임지 최고의 발명품에 선정되었다. 2018년에 타임지가 선정한 제품에는 이틀 만에 10평 정도의 집을 1만 달러 이내 비용으로 짓는 아이콘 벌컨(ICON Vulcan) 3D프린터가 포함되었다. 시각장애인의 눈을 대신해주는 스마트한 안경 '아이라 호라이즌(Aira Horizon)'도 2018년을 빛낸 제품 중 하나다. 고객이 이 안경을 쓰면 상담원과 연결되고 상담원은 고객의 눈이 되어 고객이 궁금해 하는 길거리 표지판이나 슈퍼에 있는 제품 정보를 읽어서 안내해준다. [10]

　인류 복리를 증진하기 위해 인간에게 어떤 기술이 필요할지 판단하는 것은 인간의 몫이다. 윤리적인 판단하에 창의적인 작품을 만들어내는 것도 인간만 할 수 있다. 그러나 인간이 상상한 가치 있는 아이디어를 제품으로 구현할 때는 인공지능기술과 같은 첨단기술 접목이 불가피하다. 즉 이 시대가 성장하기 위해서는 인간의 창의성과 첨단기술이 어우러져야 한다. 마치 다양한 관악기와 현악기가 어우러져 아름다운 선율을 선사하는 교향곡이 만들어지는 것처럼 인간과 인공지능기술은 협업을 바탕으로 인류 발전이라는 공동의 임무를 수행해야 한다.

2. 세상에 대한 호기심을 깨워주는 부모

다양성은 미래를 열어가는 조직이 추구하는 가치다. 이 시대는 소수의 리더 지시에 따라 한 치 오차도 없이 동작 맞춰 움직이는 획일화된 조직을 더 이상 원하지 않는다. 서로 다른 개성, 가치관, 강점을 지닌 이가 함께 어우러질 때 새로운 가치와 의미가 생기기 때문이다. 나와 비슷한 생각을 하는 사람만 만나서는 창의적인 에너지가 분출되기 어렵다.

생물다양성이 가장 풍부한 곳은 이질적인 종류가 만나고 뒤섞이는 곳이다. [11] 강의 담수와 바다의 염수가 만나는 하구역은 생태계의 보고다. 주변 강과 바다, 습지로부터 풍부한 영양물질이 유입되기 때문이다. 해수와 담수의 조우 덕분에 생기는 부유물과 침전물은 하구 생물에게 중요한 먹이원천이 된다. 바다와 육지가 만나는 갯벌도 마찬가지다. 밀물과 썰물의 차이가 큰 해안가에 조성되는 갯벌은 다양한 생물군이 살아 숨쉬는 생명의 땅으로 알려져 있다.

다양성이라는 측면에서 인간은 신비로움의 결정체다. 생물학적인 측면에서 매일 새로운 이로 재탄생하고 있기 때문이다. 인간의 몸에는 약

60조에서 100조에 달하는 세포가 있다. 매일 이 수많은 세포의 약 1%에 해당하는 6,000억 개가 소멸하고 이 수만큼 새로운 세포가 생긴다. 이런 과정을 거쳐 1년이면 인간 몸을 구성하는 원자의 약 98%가 새롭게 교체된다. 내가 '나'라고 규정하는 나의 정체성도 세포라는 관점에서 보면 끊임없이 변화를 거듭하고 있는 것이다. [12]

다양성과 아울러 호모 컨버전스가 구비해야 할 요건 중 하나는 뜨거움이다. 자신이 하는 일에 대한 열정을 디폴트조건으로 구비하는 것이다. 일에 몰두하는 이는 주변 이들까지 그 열정과 에너지에 전염되게 하는 묘한 힘이 있다. 스스로 일을 찾아서 하는 적극성과 주도성은 자신처럼 매사에 열정적인 이를 끌어들인다. 호모 컨버전스의 사전에는 불가능이란 없다. 자신의 역량보다 조금 높은 도전적인 목표를 세우고 달성할 때까지 노력한다.

일본에서 가장 존경받는 기업가인 이나모리 가즈오 교세라 명예회장은 이런 인재를 '가연성' 인재라고 부른다. 살아 있는 경영의 권위자로 불리는 그는 조직 구성원이 주인의식을 갖고 일할 수 있게끔 '아메바 경영' 시스템을 운영했다. 단세포 동물인 아메바는 몸집이 커지면 이분법으로 분열을 거듭한다. 이나모리 가즈오는 회사를 아메바처럼 작은 단위로 나눠 이 최소단위 조직에서 자신의 책임하에 경영과 회계를 총괄하도록 권한을 위임했다. 내가 할 수 있는 역할의 범위와 재량여지가 높아지면 평사원도 리더십을 발휘하게 된다. 자연스럽게 가연성 직원이자 사장의 마인드를 갖추게 되는 것이다. 그는 인간의 능력에 한계를 두지 않고 미래진행형으로 능력을 계속 키워나갈 것을 주문했다. 자신이 먼저 나서서 '매일 적어도 한 번 창조적인 일을 한다.'라는 말을 되뇌며 실천했다. [13]

호모 컨버전스가 되기 위해서는 다양한 경험을 통해 고정시각을 탈피하는 것도 필요하다. 나는 마흔 살이 다 되어 시작한 박사과정 중에 고정관념의 포박을 풀 수 있었다. 어떻게 수업이 진행될지 전혀 감도 잡지 못한 채 첫 수업을 '받으러' 갔는데 수업을 '만들어'가야 했다. 생소한 철학가의 사상을 맞게 이해했는지는 전혀 다뤄지지 않았다. 중요한 것은 나와 다른 학생이 각자 '어떻게 텍스트 속 사상과 소통했는가?'였다. 사고의 다양한 결을 나누고 우리의 갈등과 충돌, 조화 지점을 찾는 과정이 수업이었다. 두 번째 수업은 영화 〈월-E〉에서나 나올 법한 기괴한 고철덩어리에 대해 '정의'를 내리는 것이었다. 도무지 정체를 종잡을 수 없는 대상의 기능과 맥락을 철학가의 이념과 접목해서 파악해야 했다. 낯선 경험을 하면서 성장했다. 옳고 그름이라는 이분법적인 사고방식에서 조금씩 벗어날 수 있었다.

국가에 복종하고 예속하는 대중을 만들어내는 18세기 프러시아식 교육은 이제 설득력을 잃었다. 프러시아는 지도층이 될 소수 정예에게만 인문고전을 가르쳐 생각근육을 키웠다. 평범한 이가 지적 훈련을 통해 생각하는 힘을 갖게 되면 고분고분 복종하지 않는다고 여겼기 때문이다. [14] 지금 한국 학교는 더 이상 이런 구태의연한 모습으로 운영되지 않는다. 새로운 시대에 맞춰 발 빠르게 변화를 거듭하고 있다.

그러나 학교의 변화로는 충분하지 않다. 자녀는 학교에서 보내는 시간만큼 가정에서도 시간을 보내기 때문이다. 부모가 자녀와 다양한 경험을 함께 하면서 콘텐츠 습득을 도와주면서 자신의 역량도 계발해야 한다. 자녀에게 직업세계의 이야기를 나누면 자녀 경험의 반경을 넓힐 수 있기 때문에 권장할 만하다. 부모는 자녀가 생각할 '시간적' 여유, 사고할 '공간적' 틈, 사색할 '체험적' 기회를 제공해야 한다. 자녀가 호기심을 불러일으킬 수 있도록 촉매자가 되어야 한다. 올바른 방향을 조언해주는 멘토가 되어야 한다. 세상과 배움의 세계, 더 넓은 세계와 가정을 잇는 연결자이자 협력자가 되어야 한다.

많은 이들이 이런 부모를 둔 덕에 호모 컨버전스로 성장했다. 빌 게이츠가 기억하는 부모는 '지식의 보고'였다. 빌 게이츠의 부모는 산업계, 법조계, 정계 등 다양한 방면에서 왕성한 활동을 펼쳤다. 자선활동에도 부지런히 참여했던 그들은 자신의 삶을 그대로 자녀와 나눴다. 빌은 자신과 두 여동생이 진로를 정하는 데 이렇게 유년시절부터 부모와 삶의 생생한 모습을 나눴던 영향력이 매우 컸다고 회상했다. 어렸을 때부터 부모와 복잡한 사회현상과 사안에 대해 토론하면서 생각을 논리적으로 다

들을 수 있었다. 이런 훈련은 그가 소프트웨어라는 미지의 분야를 개척하는 데 큰 도움이 되었다. 그의 부모는 자녀에게 특정 가치관과 삶의 양식을 강요하기보다 귀를 열고 경청했다. 자녀를 상호 독립된 인격체로 보고 빌의 의견을 존중하고 그가 스스로 삶을 개척할 수 있도록 응원했다. [15]

구글 창립자 래리 페이지(Larry Page)의 성공 뒤에도 부모가 있었다. 컴퓨터공학과 교수인 아버지와 컴퓨터 프로그래밍 강사인 어머니를 둔 덕에 다섯 살 때부터 컴퓨터는 래리 페이지가 가장 좋아하는 장난감이었다. 발명가를 원하는 아들 꿈을 이뤄주려고 아버지는 미국 전역에서 개최되는 로보틱스 콘퍼런스에 함께 다녔다. 식탁은 래리 페이지가 부모와 함께 각종 현안에 대해 열띤 토론을 벌이는 장이었다. 그 덕에 래리 페이지는 단단한 사고력을 키울 수 있었다. [16]

페이스북 CEO 마크 저커버그도 빼놓을 수 없다. 치과의사였던 아버지는 아들에게 직접 컴퓨터 언어인 베이직 프로그래밍을 가르쳤다. 아들의 지적 호기심을 충족시키기 위해 인근 대학에서 강의도 수강할 수 있게 배려했다. 교수가 강의 중 아이를 데려오지 말라고 하니 아들을 위해 들으러 온 거라면서 교수에게 양해를 구했다는 유명한 일화가 있다. [17]

서울대 자유전공학부 장대익 교수는 "가장 좋은 융합교육은 융합적 사고를 하는 사람과 몸으로 부대끼며 배우는 것이다."라고 강조한다. [18] 아이가 학교에서 많은 시간을 보내지만 비슷한 연령의 친구들이 모여 복합적 사고를 하기는 쉽지 않다. 한 반에 스무 명이 넘는 학생을 챙겨야 하는 선생님이 내 아이와 다양한 이야기를 심도 깊게 나누기도 어렵다. 결국 자녀와 가장 가까이에서 많은 소통을 할 수 있는 사람은 부모다. 부모가 자녀와 함께 세상, 우주, 자연, 인생에 대해 이야기하고 삶을 관통하는 다양한 메시지를 공유해야 한다. 학문이 진화하고 발전하면서 계통이 나눠졌지만 원래 세상의 모든 지식이 다 연결되어 있다는 것을 자녀가 깨닫게 해줘야 한다.

급변하는 삶의 한가운데 서 있는 우리는 매 순간 전대미문의 문제에 봉착한다. 정답이 없는 문제니 얼마나 이 상황을 거시적으로 조망하고 신속하게 답을 이끌어내느냐가 관건이 된다. 지혜로운 해답을 얻으려면 어렸을 때부터 문제 상황을 전체적인 그림 안에서 해석하고 분석하는 연습이 필요하다. 다양한 직접경험이 중요한 이유다. 숲, 수목원, 공원, 바다, 갯벌과 같이 자연의 숨결을 그대로 느낄 수 있는 곳이 좋다. 과학관, 천문대, 미술관, 박물관도 바람직하다. 상상력의 산물을 경험하면서 스릴 넘치는 재미도 만끽할 수 있는 놀이공원도 추천한다. 아이와 함께 몸을 움직이면서 다양한 경험을 하자. 이 경험이 지금 당장 만족할 만한 수준의 가시적인 성과로 이어지지 않을 수 있다. 아이 미래 삶의 어느 지점에서 어떻게 발현될지 알 수도 없다. 하지만 언젠가는 이 점들이 이어져 자녀 삶이 패러다임 변환을 할 때 중요한 주춧돌이 될 것이다.

3. 디테일을 구분하는 섬세함

창의성은 세상에 없던 새로운 것을 만들어내는 능력이 아니다. 태양 아래 새로운 것은 없다. 신비한 미소의 대명사처럼 여겨지는 모나리자도 실은 레오나르도 다빈치가 얼굴 각 부위를 모아놓은 데이터베이스에서 나온 것이다. 코, 입, 머리, 턱 등에 대한 수천 가지 습작을 모아놓고 이 부위를 다양하게 조합한 결정체가 모나리자이다. [19] 이처럼 창의력은 기존에 자연스럽게 여기던 사물 간, 개념 간 관계를 재조합하거나 이것이 놓여 있는 상황과 맥락을 바꾸는 힘이다.

인간존재의 부조리성을 문학으로 표현한 공로로 노벨문학상을 받은 알베르 카뮈는 한때 공장 안전관리 분야에 종사했다. 그 시절에 그는 공장에서 일하는 인부의 안전을 위해 안전모를 고안해냈다. 그가 발명한 안전모 덕분에 체코 제철소에서 처음으로 사망자 수가 2.5%대로 감소했다. [20] 백의의 천사로 알려진 나이팅게일은 사실 통계학의 대모다. 크림전쟁 후에 영국으로 돌아와 병원을 개혁하고 싶었던 나이팅게일은 숫자를 싫어하는 빅토리아여왕을 설득하기 위해 원그래프를 생각해냈다. 나이팅게일은 사망자와 감염자 수를 매일 꼼꼼하게 기록하면서 체계적으로 병동관리를 했다. 그녀는 데이터를 장황한 숫자로 보여주는 대신에 알록달록한 그래프로 표현해 수장의 마음을 사로잡았다. [21] 이처럼 한 분야에 깊은 조예를 지닌 인재가 본인의 역량을 다른 분야로까지 키워 새로운 지평을 여는 데 성공한 경우가 많다.

그렇다고 평범한 이가 창의적인 이가 되지 못하는 것은 아니다. 창의성도 꾸준한 노력을 통해 얼마든지 계발될 수 있는 역량이기 때문이다. 사물 인터넷의 아버지로 불리는 케빈 애쉬튼(Kevin Ashton)은 "창조에는 마법도, 영감이 번쩍이는 순간도 일어나지 않고 지름길도 없으므로 다만 우직하게 한 가지에 집중하는 것이 유일한 비결이다. 하찮게 보이는 행동이 오랜 시간 축적됐을 때 비로소 그 결과가 세상을 바꾸게 된다."라고 말했다. [22] 음악 신동으로 알려진 모차르트도 뮤즈의 영감을 받아 순식간에 곡을 쓰게 된 것이 아니다. 틈틈이 작품을 구상하고 쉬지 않고 곡을 만들고 수정에 수정을 거듭했다. [23]

작가도 마찬가지다. 강원국은 글쓰기란 가슴과 발로 기획하고 엉덩이로 마무리하는 거라고 강조한다. [24] 재능이 아닌 땀과 노력이 글쓰기라는 창조적인 결실을 맺게 하는 것이다. 글쓰기를 통해서 창의력을 기르고 싶다면 어떤 현상을 생동감 넘치게 눈앞에서 펼쳐지는 것처럼 묘사해보자. 무라카미 하루키는 무미건조하게 기술하기보다 눈에 그려지듯 쓴다.

심지어 자동차는 모델명까지 쓴다. 안톤 체호프도 "'달이 빛난다'고 쓰기보다 '깨진 유리조각에 반짝이는 한 줄기 빛'을 보여줘야 한다."라고 강조했다. 설명보다 묘사를 하라는 것이다. [25) 웹툰이나 웹소설을 통해 단문과 제한된 수준의 단어에 익숙해진 젊은 세대들은 어휘력과 수사력을 키우는 연습을 할 필요가 있다. 비슷해 보이는 단어 사이의 미묘한 차이를 감지해내고 어감을 살려 글로 직접 써보면서 문장력과 언어적 창의력을 키울 수 있다.

좌뇌적 교육에 익숙한 부모세대는 의도적으로 우뇌를 쓰는 연습을 해야 한다. 개념을 통한 논리적 사고에 익숙하니 이미지나 사진, 그림을 통째로 뇌에 각인시켜보자. 가끔 아이들이 좋아하는 캐릭터들을 안 보고 그릴 때가 있다. 하루는 아이들이 좋아하는 애니메이션 등장인물인 도라에몽을 그렸다. 세 아이를 키우며 10년 이상 봐왔던 낯익은 캐릭터라 쉽게 그릴 거라고 생각했다. 그린 후에 보니 세 아이는 모두 제대로 2등신 도라에몽을 그렸는데 나만 롱다리로 그려놓은 것을 알게 됐다. 평소에 얼마나 대충 보며 지냈는지 각성하는 계기가 되었다.

우뇌를 향상시키기 위해 이렇게 심상을 통째로 집어넣은 후에 안 보고 세부적인 사항을 기억해내는 게 좋다. 안도현은 「무식한 놈」이라는 시에서 쑥부쟁이와 구절초를 구분하지 못하는 자신을 비난했다. 쑥부쟁이와 구절초는 흔히 들국화 종류로 알려져 있다. 하지만 들국화라는 종명은 없다. 쑥부쟁이는 가난하던 시절 쑥처럼 끼니 해결에 도움을 주던 나물로 유명하다. 들에서 흔히 보여 잡초처럼 여겨지기도 한다. 반면에 구절초는 쉽게 찾아보기 힘들다. 구절초는 꽃잎이 희거나 옅은 분홍색인데 쑥부쟁이 꽃잎은 대부분 옅은 보라색이다. 구절초는 꽃잎이 국화꽃잎처럼 끝이 동글하고 쑥부쟁이는 꽃잎이 길고 날씬하다. [26] 길가에서 무심코 스쳐 지나가는 야생화도 이렇게 유심히 관찰하는 습관을 기르면 우뇌가 발달해 창의력을 기를 수 있다.

창의성을 발휘하는 데 늦은 나이란 없다. 꾸준히만 한다면 어느 나이대에도 창의력을 발휘할 수 있다. 장 앙리 파브르(Jean-Henri Fabre)가 10권의 곤충기를 완성했던 나이는 85세였다. 파브르는 정식 교사도 아닌 임시교사였기에 평생 생활고에 시달렸다. 비정규직의 불안함을 평생 가슴에 품으며 아슬아슬하게 살던 그가 인생 말년에 매진한 곤충기는 그의 대작이 되었다. 일흔 살이 넘은 나이에 예술가의 혼을 불태우는 경우도 있다. 미국의 국민 화가 그랜마 모지스(Grandma Moses)는 75세에 작품 활동을 시작해 101세에 세상을 떠나기까지 1,600여 점의 작품을 남기며 왕성한 활동을 했다. 예순의 나이에 정원을 가꾸기 시작한 타샤 튜더(Tasha Tudor)도 있다. 10년 동안 땅 30만 평을 직접 일궜고 지금은 이 아름다운 공간을 전 세계인과 나누고 있다. [27]

지금 우리가 살고 있는 이 순간은 우리가 한 번도 살아보지 않은 생애 최초의 순간이다. 새로운 무엇을 하기에 '늦은' 시간은 없다. 남은 시간의 연속선상에서 봤을 때는 창의적으로 뭔가를 시작하기에 지금이 가장 '빠른' 시간이다. 지금 시작하는 것 못지않게 지속하는 힘이 필요하다. 운전 면허증을 따도 운전을 자주 하지 않으면 운전 실력이 늘지 않는다. 창의력도 마찬가지다. 창의력을 기르는 방법을 익혔어도 지속적으로 훈련하지 않으면 창의력을 향상시킬 수 없다.

창의력은 좌뇌와 우뇌를 골고루 발전시켜 분석과 직관이 조화를 이룰 때 발현된다.[28] 따라서 평소에 논리적이고 감각적인 사고를 다양하게 조합하는 연습이 필요하다. 익숙하다고 생각되는 사물을 보지 않고 그려보고 언어로 그 기능과 특징을 최대한 다양하게 나타내보자. 관심을 갖고 봐야 비슷해 보이는 것의 사소한 차이를 찾아낼 수 있다. 감수성을 높여야 상관없어 보이는 것도 신선한 프레임으로 엮어낼 수 있다. 이미지를 통해 직관력을, 언어 훈련을 통해 분석력을 키우면 누구나 창의적인 인재가 될 수 있다.[29]

4. 창의성은 예술로 시작하라

창의력을 갖춘 융합형 인재로 거듭나는 비법 중 하나는 예술을 즐기는 것이다. 이는 실증적으로도 입증이 되었다. 이성과 논리의 최 정점에 있을 것 같은 노벨과학상 수상자는 수상하지 못한 과학자보다 아마추어 이상으로 예술 활동에 몰두하는 경우가 많았다. [30] 특히 출원가와 창업가 중에도 그림, 문학, 건축같이 문화예술 관련 취미활동을 하는 이가 많았다. [31] 예술이 창의력과 상상력을 기르는 주요 발판이 될 수 있기 때문이다.

"인문학과 기술이 만나는 지점에 애플이 존재한다."라고 선언했던 스티브 잡스는 소크라테스(Socrates)와 밥 한 번 먹을 수 있다면 애플의 모든 기술을 포기할 수 있다고 했다. 이런 그의 통섭형 마인드는 애플의 성장 동력이었다. 설립했던 회사에서 쫓겨난 후에 그가 재도약을 꿈꿨던 곳인 픽사의 기본 철학은 "예술은 기술 발전을 부추기고 기술은 예술에 영감을 준다."였다. [32]

예술에 동참하고 감상하는 것은 천부적인 재능을 타고난 이들에게만 허용된 것은 아니다. 삼중의 장애를 안고 살았던 헬렌 켈러도 오감을 열고 예술을 즐겼다. 귀가 들리지 않음에도 그녀는 라디오를 즐겨 들었다. 라디오에 두 손을 올려놓고 자신의 모든 감각을 예민하게 열었다. 반복 연습 끝에 관악기와 현악기의 차이를 구별할 수 있을 정도로 감각을 키웠다. 음악을 청력 대신 온몸으로 감상할 수 있게 된 것이다. 그녀는 이렇게 경험한 느낌과 촉감에 대해 여러 편의 글을 남겼다. [33]

우리는 1초에 약 50장에서 60장의 이미지를 처리할 수 있는 시각능력이 있다. [34] 시각 잠재력을 따져본다면 1초에 24장의 정지영상을 보여주는 영화는 절반 이상 시간동안 관객이 빈 화면을 응시하도록 하는 셈이다. 공간을 환희 밝혀주는 형광등도 1초에 50~60번씩 깜박인다. 형광등은 교류전류에 의해 켜지기 때문에 음극과 양극을 빠르게 이동하는데 60분의 1초에 한 번씩 잠깐 빛을 잃는다. 하지만 우리는 잠시 비어 있는 이 시간을 전혀 인식하지 못한다. 반면 벌은 1초에 300장의 이미지를 볼 수 있다. [35] 인간보다 5~6배 이상 예민한 시각을 가진 벌에게 영화는 너무 느린 슬로우 모드 영상일 수 있다. 형광등이 켜진 방도 어둠과 밝음이 끊임없이 교차하는 호러무비에 등장하는 두려운 공간일지도 모른다.

우리가 벌처럼 이미지 처리 용량을 획기적으로 키울 수 없지만 관찰력을 예리하게 다듬을 수는 있다. 어두운 곳에서 물체를 보기 위해 노력하는 것이 관찰력을 키울 수 있는 방법 중 하나다. 사람이 고양이 수염 같은 감각모가 있거나 망막 뒤에 반사체가 있다면 어둠 속에서도 물체를 잘 감지할 수 있을 것이다. 하지만 아쉬워할 필요가 없다. 특정물체를 정해 어둠 속에서 계속 바라보면서 식별력을 높이기 위한 훈련을 하면 관찰력도 향상된다.[36]

박지원는 18세기 조선 관찰의 대가였다. 『열하일기』에는 관찰가로서의 그의 면모가 고스란히 드러난다. 길에서 스쳐지나간 여인의 헤어스타일, 패션소품, 의상을 매우 자세하게 기록했다. 길거리에서 처음 보는 동물을 보고 다음과 같이 묘사했다. "몸뚱이는 소 같고 꼬리는 나귀와 같으며, 약대 무릎에 범의 발톱에 털은 짧고 잿빛이며 성질은 어질게 보이고 소리는 처량하고 귀는 구름장같이 드리웠으며 눈은 초생달 같고 두 어금니는 크기가 두 아름은 되고 길이는 한 발 넘어 되겠으며 코는 어금니보다 길어서 구부리고 펴는 것이 자벌레 같고, 코의 부리는 굼벵이 같으며 코끝은 누에등 같은데 물건을 끼우는 것이 족집게 같아서 두루 말아 입에 집어넣는다."[37] 무려 열네 가지 특징을 잡아내서 코끼리를 묘사하고 있다. 디테일의 힘을 유감없이 발휘한 것이다. 낯선 것을 익숙한 단어와 특성으로 최대한 자세히 설명해보는 것, 창의력을 키우는 첩경이다.

음악은 청각훈련에 가장 훌륭한 방법이다. 클래식을 비롯해 자신이 좋아하는 음악을 자주 듣자. 아인슈타인이 상대성이론이라는 혁명적인 직관력을 발휘하게 된 배경에는 스즈키 신이치의 음악이 있었다. 시끄러운 곳에서 특정 소리를 집중해서 듣는 연습도 좋다. 사람 귀로 들을 수 있는 가청주파수는 보통 20Hz에서 20,000Hz 사이다. 사람마다 들을 수 있는 음역대에 차이가 있다. 다행히도 개인차는 훈련을 통해 어느 정도 향상이 가능하다. 자신에게 익숙한 가청주파수를 벗어나 다양한 주파수대 소리를 계속 듣다 보면 청각을 키울 수 있다. 언어마다 음역대가 다르다. 한국어는 대부분 500Hz에서 1,500Hz 사이 저주파수 음역대를 갖고 있다. 반면 영어는 3,000Hz에서 5,000Hz로 한국어보다 고주파수 음역대다. 영어가 잘 안 들릴 때 볼륨을 높이면 더 잘 들리는 것도 이런 이유다.[38] 나이가 들수록 고막이 두꺼워져 주파수가 높은 소리를 잘 못 듣는다.[39] 나이가 들면 영어가 더 잘 안 들리는 이유다.

음악 중에도 클래식이 예민한 청각을 만드는 데 효과가 있는 것으로 알려져 있다.[40] 클래식은 음의 변화폭이 크지 않은 상태로 곡이 전개된다. 음정 변화 폭이 클수록 곡에서 등장하는 횟수는 비례적으로 줄어드는 프랙탈 음악 형식을 띠고 있다. 프랙탈 음악은 새 지저귀는 소리, 시냇물 소리, 심장박동 소리처럼 우리가 일상에서 흔히 접하는 자연의 소리다.[41] 수동적으로 듣는 데서 벗어나 악기를 직접 연주하면 더 효과적이다. 악기 연습을 하면 두뇌 중에서 청각과 손가락을 통제하는 영역이 매우 발달하기 때문이다.[42]

시각뿐 아니라 촉각과 미각도 말과 글로 표현하면서 기를 수 있다. 프랑스는 유치원과 초등학교에서 미각과 촉각을 교육한다. 아이에게 사과나 오렌지 같은 과일을 손으로 천천히 만져보게 한다. 입으로도 천천히 깨물어보게 한다. 이 느낌을 단순히 '시다, 맛있다'와 같은 짧은 한두 단어 대신에 비유법을 동원해 자세히 설명하게 한다. 촉각, 시각, 후각, 미각, 청각을 통해 느낀 것을 한 편의 그림처럼 말과 글로 그려보도록 하는 것이다. 이런 경험을 통해 어린 학생은 오이에서 "시골의 숲 공기를 이빨로 굴리는 것"같은 향을 느끼고 토마토에서는 "태양과 대지의 맛을 믹서기에 갈아넣은 것"같은 맛을 찾는다. 마치 한 편의 시를 방불케 한다. [43] 이런 연습은 다양한 오감의 느낌이 동시다발적으로 펼쳐질 때 감정과 느낌을 생동감 있게 포착할 수 있도록 해준다.

이렇게 예술적 감각을 통해 감수성을 단련시킨 인재는 과학기술이 발전한 현시대에 더욱 주목받는다. 뉴런과 같이 매우 작은 세포를 대상으로 시약을 써야 하는 실험에는 정교한 손재주가 필요하다. 소묘처럼 정교하고 세밀한 선을 통해 사물의 형태와 명암을 표현하는 연습을 해두면 좋다. 평소에 그림을 그리면 정신순화뿐 아니라 과학에서 재능을 발휘하는 데 도움이 되는 것이다. 기억의 물리적 실체를 세계 최초로 찾아내 2018년에 대한민국 최고과학기술인상을 수상한 서울대 생명과학부 강봉균 교수는 과학과 예술이 융합될 때 창조로 이어진다고 강조했다. 그의 주장은 20세기 최고 시인으로 추앙받는 폴 발레리(Paul Valery)가 반대로

부모 혁명

보이는 예술과 과학이 실제로는 불가분의 관계라고 언급한 것과 일맥상 통한다.[44)]

세상을 따뜻한 시선으로 관찰하고 다양한 방법으로 전달하고 소통하는 연습을 해보자. 이 거듭되는 과정 속에서 과학적·인문학적·예술적 영감이 탄생하고 창의성이 꽃핀다. 과학적 재능이 뛰어난데 예술적 심미안까지 갖추면 더 각광받을 수 있다. 소비자는 상품 기능이 비슷하다면 디자인을 보고 구입한다. 애니메이션 업계에서 캐릭터 디자인 능력에 코딩역량까지 갖춘 기술디렉터(TD: Technical Director)는 디자인만 가능한 전문가보다 최소 3배 이상 연봉을 받는다.[45)] 이분법적으로 자신의 정체성을 제한하다 보면 융합시대에서 살아남기가 쉽지 않다. 역량의 외연을 넓히고 자신에게 부족한 부분을 조금이라도 채워넣어야 하는 이유다.

누구나 창의성을 갖고 태어난다. 중요한 것은 얼마나 의지를 갖고 계발하느냐다. 예술을 내 생활 안으로 끌어들이자. 수동적으로 감상하는 것에서 한 걸음 더 나아가 예술 활동에 적극적으로 동참하자. 그림 그리기, 사진 찍기, 악기 연주, 춤추기, 글쓰기 중 무엇이든지 좋다. 예술은 우리가 살고 있는 세상을 이미지, 소리, 움직임, 글로 표현한 것이다. 예술 활동은 내가 익숙하게 여겨왔던 세상을 오감을 통해 다른 관점과 시각으로 받아들이게 해준다. 예술을 시작하는 순간, 흐릿한 회색처럼 보였던 세상이 선연한 색채와 신선한 향기로 다가온다. 자녀와 함께해보자. 유대감과 더불어 창의성까지 키울 수 있다.

5. 도전을 거듭하는 용기

영국 극작가 조지 버나드 쇼는 "세상을 이끌어가는 사람은 자신이 원하는 환경을 찾아다니고 찾을 수 없게 되면 그 환경을 창조해버린다."라고 말했다. [46] 늘 새로움에 도전하는 호모 컨버전스는 버나드 쇼가 말하는 자신이 원하는 조건을 만드는 이다. 미래 변화는 아무도 정확히 예측할 수 없다. 미리 준비를 한다고 해도 100% 완벽할 수 없다. 관건은 나의 전망과 미래변화 간극을 얼마나 신속하게 메울 수 있느냐다. 이 힘이야말로 앞으로 사회를 살아가는 데 가장 필요한 역량이다. 누구나 변화를 두려워한다. 우리나라 변화적응의 대표주자라 할 수 있는 네이버 이해진 회장조차도 "신기술이 나올 때는 두렵다."라고 말한다. [47]

개인차가 있겠지만 모두 두려워하는 미래라면 긍정적인 마인드로 도전해보는 것도 나쁘지 않다. 성공하면 대단한 것이고, 실패해도 실패가 만연할 수밖에 없는 게임이기에 그 부담을 홀로 질 필요는 없다. 나는 직업을 선택할 때 이런 태도를 가졌다. 대학교 4학년 때 IMF가 터져 대부분 동기가 졸업 후에도 한참을 취업하지 못했다. 손에 입은 3도 화상으로 외모에 자신감이 부족했던 나는 취업이 어렵다면 나만의 실력으로 승부할 수 있는 공무원 시험에 도전해야겠다고 생각했다. 지금도 그렇지만 그 당시에도 공무원이 되는 건 결코 쉽지 않았다. 어차피 어려운 시험이라면 7급이나 9급보다 5급 시험에 도전해보는 게 낫겠다 싶었다. 합격하면 영광스러운 것이고 100명 중 1명만 합격하는 시험이니 떨어져도 그리 부끄럽지 않겠다는 생각이었다. 하지만 2차 시험까지 치른 후에 불합격에 대비해 임용고시도 준비했다. 당시 가장 가산점이 높았던 정보처리기사 자격증을 따면서 대안을 마련했다.

이처럼 긍정이 무조건 상황을 낙관하라는 건 아니다. 진정한 긍정주의자는 결과에 대해서는 낙관적인 태도를 견지하되, 과정에 대해서는 비관주의자의 모습을 겸비한다. 제2, 제3의 예기치 못한 상황에 대한 복안까지 마련한다. 결과를 내 의지만으로 좌지우지할 수 없다는 것을 알기 때문이다. 과정마다 최선을 다한 후에는 인도영화 〈세 얼간이〉에서 나왔던 "All is well(모든 것이 잘될 것이다)."을 외친다. 넉넉한 마음을 품고 결과를 기다린다. 라인홀트 니버(Reinhold Niebuhr)의 기도처럼 준비과정 중에 자신의 힘으로 바꿀 수 있는 것들은 변화시키려 노력하지만 바꿀 수 없는 결과는 겸허히 받아들이는 것이 긍정주의자의 자세다.

재수 없게 딸이 태어났다며 술 취한 아버지가 던져버려 척추장애를 안게 된 김해영의 키는 열 살배기 정도인 134cm에 불과하다. 하지만 작은 키는 그녀가 도전적으로 삶을 개척하는 데 전혀 장애가 되지 않았다. 어려운 가정에 보탬이 되기 위해 중학교 진학을 포기하고 한의원에서 식모살이를 할 때도 홀로 한자를 터득했다. 약재방에 있던 한자들이 너무 궁금했기 때문이다. 직업훈련원에서 편물기술을 익힌 후에는 전국대회는 물론이고 세계기능경기대회에서도 1위에 올랐다. 여기에 만족하지 않았다. 일본과 보츠와나에서 편물을 가르치고 자원봉사를 했다. 미국 컬럼비아 대학에서 석사학위까지 받았다. 전 세계를 더 나은 곳으로 만들기 위한 그녀의 국제사회복지사 인생은 지금도 현재진행형이다.[48]

끊임없이 도전하는 삶을 사는 호모 컨버전스는 편한 삶이나 안정적인 직장에 정착하지 않는다. 대신 자신의 한계에 끊임없이 도전장을 내민다. 이런 뜨거운 삶은 다른 이에게도 긍정적인 영향력을 끼친다. 앤절라 더크워스(Angela Duckworth)는 도전에 응하는 이런 불굴의 의지를 그릿(grit)이라고 일컫는다. 우리말로는 투지와 끈기 정도로 해석할 수 있겠다. 흥미로운 것은 목표를 이루기 위해서는 재능과 기술도 필요하지만 노력이 곱절로 중요하다는 것이다.[49] 재능과 노력을 통해 기술이 생기며, 노력과 기술이 만났을 때 어떤 일을 성취할 수 있기 때문이다. 재능만 있다고 해도 노력하지 않고는 이 시대가 원하는 기술을 쌓을 수 없다. 기술이 있어도 노력하지 않으면 이 사회가 희망하는 것을 이룰 수 없다. 노력은 나의 재능과 기술이 꽃필 수 있게 만들어주는 자양분이다.

앤절라 더크워스의 연구결과에 따르면 대공황기에 성장한 세대가 그릿이 높다. 경제적으로 어려운 상황이라 끈기를 강조하는 가치 규범의 문화 속에서 성장했기 때문이다. 나이가 들면 그릿 수준도 높아진다. 성숙해지면서 빨리 포기해야 할 하위 목표와 지속적으로 관심을 기울여야 할 중요 목표를 구분하는 분별력이 생기기 때문이다. 일반적으로 시대와 문화에 의해 그릿이 결정되고 이렇게 정해진 그릿 수준은 연령에 비례해 높아진다. [50)]

어렸을 때는 인생을 전체적으로 조망하는 힘이 약하다. 경륜이 쌓이면서 자신의 삶을 진지하게 바라보게 되어 어느 지점을 향해 전력질주를 해야 하는지 뚜렷해진다. 그래서 나이가 들면 좀 더 인내심을 갖고 자신이 목적한 바를 향해 노력하게 되는 것이다. 내가 주로 활동하는 온라인 카페에서 열정적인 회원 그룹은 대부분 자녀를 키우고 있는 30~40대 어머니다. 많은 회원이 학창시절에 열심히 공부하지 않았거나 못했던 걸 후회한다. 어릴 때는 경험이 제한적이라 명확한 삶의 목표를 갖기 쉽지 않다. 그릿을 발휘하기엔 불리한 조건이다. 나이가 들면 일하랴, 아이 키우랴 학창시절보다 더 바쁘고 힘들어진다. 그럼에도 삶을 충실하게 살고자 하는 의욕으로 충만해진다. 삶에 대한 확실한 비전과 방향이 생기기 때문이다.

서울대 심리학과 최인철 교수는 성공하는 사람은 접근프레임으로 세상에 도전하고 실패하는 이는 회피프레임으로 세상을 살아간다고 이야기한다. 접근프레임을 가진 사람은 목표를 이룬 후 얻게 될 보상의 크기에 주목하고 이를 성취하기 위해 노력한다. 이런 가치관을 지니면 무모해 보이는 시도도 거침없이 한다. 도전 때문에 치러야 하는 손실을 아까 워하기도 하지만 이런 후회는 시간이 지나면 사라진다. 회피프레임을 지 니면 일이 잘되지 않아 실패할 가능성을 염려한다. 새로운 일에 도전하 기보다 현실에 안주한다. 회피 프레임에 따른 후회는 시간이 지날수록 커진다. 이는 죽을 때 대부분 사람이 도전하지 않았던 것에 대해 후회하 는 이유다. [51)

그러나 도전이 치열한 경쟁 끝에 남을 물리치고 이기는 것만을 의미하 지 않는다. 더 중요한 건 자기 자신과 싸움에서 승리를 거두는 것이다. 어제의 나보다 더 성장하는 게 중요하다. 타인과 경쟁하는 상황은 대부 분 스트레스를 유발한다. 상대평가가 보편적이고 상위 10~20% 학생에 게만 초점이 맞춰진 학교생활에서 아이의 자존감이 높아지기 어렵다. 따 라서 가정에서라도 아이가 성공경험을 마음껏 쌓을 수 있도록 해줘야 한 다. 재능이 있더라도 전혀 노력하지 않는 천재보다는 노력하는 범인이 성공한다. 성취라는 결실을 거두려면 끊임없이 '노력'하면서 중도에 포기 하지 않는 것이 중요하기 때문이다. 새로운 일을 시작한다는 것은 대단 한 의지의 산물이다. 하지만 더 중요한 것은 지속하는 힘이다. 중도에 그 만두지 않는 용기가 필요하다. 느린 것이 아니라 멈춰 있는 것을 두려워 하라는 '불파만 지파참(不怕慢 只怕站)'을 가슴에 새기고 자녀와 함께 도 전의 길을 떠나보자.

부모 혁명

6. 실패 덕분에 성공했습니다

"햇빛만 비추는 곳은 사막으로 변한다."라는 아랍 속담이 있다. 마냥 좋기만 할 것 같은 햇빛도 매일 받으면 수혜가 아니라 고난이 될 수 있다는 것이다. 인생을 가시밭길로 만든다고 원망했던 난관을 극복하는 과정에서 인생의 다양한 가치를 배우고 한 뼘 더 성장하게 된다. 깨달음을 뜻하는 그리스어 알레테이아(aletheia)는 '촛불을 끄다.'라는 어원을 갖고 있다. [52] 진리를 깨닫기 위해서는 갖고 있는 촛불이 꺼지는 상황을 감내해야 한다. 실패를 거듭해 맞이하게 된 어둠의 시간을 견디는 것이 두렵고 힘들겠지만, 조용히 내면의 목소리에 귀를 기울이다 보면 다시 도약할 힘을 얻게 된다. 그래서 지혜로운 이는 실패를 용인하고 심지어 장려하는 문화를 조성한다. 아이가 어렸을 때부터 실패부담 없이 여러 가지 일에 도전해보도록 이끈다.

아이비리그 입학자 3명 중 1명을 차지하는 유대인 전통교육도 실패를 껴안고 장려한다. 유대인은 아이가 실수하거나 실패하면 축하한다는 의미의 히브리어인 '마잘톱'을 외치며 박수를 친다. 실패란 부끄러운 것이 아니라 성장과정 중 통과의례라고 여기기 때문이다. [53] 밝은 분위기에서 실수나 실패를 맞이하면 이런 것이 부끄럽거나 숨겨야 하는 것이 아니라고 생각하게 된다. 이런 유대인의 태도는 그들이 실패해도 지치지 않고 계속 도전해 성장하도록 이끈 동력이 되었다.

우리나라는 그동안 실패를 너그럽게 받아들이지 않았다. 선진국을 빠르게 모방하는 추격형 경제로 산업발전을 견인하던 과거에 실패는 용서받지 못했다. 이미 정답이 있는 문제를 빨리 풀면 되는 상황에서 실패란 준비가 덜 되어 있거나 열심히 일하지 않은 결과였기 때문이다. 그러나 이제 시대가 바뀌었다. 실패를 너그럽게 용인하는 문화가 기업과 산업부문에서 절실하게 필요하다. 예전과 달리 진입장벽이 낮아져 창의적인 아이디어만 있다면 얼마든지 새로운 비즈니스를 시작해볼 수 있지만 실패확률이 매우 높기 때문이다.

플랫폼 사업도 이런 분야의 대표적인 사례다. 초기 자본을 거의 들이지 않고도 플랫폼만으로 큰 부를 안을 수 있다. 그런데 자타공인 IT 강국인 한국은 유독 글로벌 플랫폼 경쟁에서 고전을 면치 못하고 있다. 안무정은 한국이 플랫폼 시장에서 약세를 면치 못하는 원인으로 우리나라 대기업이 외국 플랫폼 개발자들처럼 절박한 심정으로 사업에 참여하지 않는다는 점을 지목한다. 신생기업은 '이것 아니면 절대 안 된다'는 사생결단의 마음가짐으로 임하는데, 대기업은 대부분 수익성이 좋은 다른 사업

부모 혁명

이 있기에 2~3년 투자해보고 아니다 싶으면 추가 손실이 나기 전에 과감하게 사업을 접는다. 이 사업을 포기해도 황금알을 낳는 다른 사업이 있기에 굳이 인내심을 발휘하지 않는다. [54]

이에 반해 글로벌 플랫폼인 아마존과 넷플릭스(Netflix)는 우리나라 기업과 굉장히 다른 행보를 걸어왔다. 아마존은 수익을 내는 데 13년이라는 어마어마한 시간이 걸렸다. 비디오대여 사업으로 시작한 스타트업 넷플릭스가 명실상부한 스트리밍 사업을 본격적으로 시작한 것도 설립 후 10년이 지나서였다. 플랫폼의 폭발성장을 견인하기 위해서는 자본과 마케팅을 전폭적으로 지원해주는 후원자가 필요하다. 아마존과 넷플릭스는 인내심을 갖고 기다려줬던 투자자 덕분에 지금처럼 변신을 거듭해 고공성장이 가능했다. [55]

영국 워릭대 켄 로빈슨(Ken Robinson) 명예교수는 이 시대에는 실수를 두려워하지 말고 위험을 감수하는 역량을 키우는 것이 중요하다고 강조한다. 그는 "틀릴 준비가 되어 있지 않다면 당신은 결코 창의적인 일을 할 수 없다. 실수가 최악의 상황이라고 정의하는 교육 시스템 아래서는 도리어 사람들의 창의적 역량을 빼앗는 교육만 가능할 뿐이다."라며 일침을 놓는다. [56] 러시아 대문호로 불리는 톨스토이도, 영국이 낳은 세기의 극작가로 불리는 셰익스피어도 늘 뛰어난 작품만 썼던 것은 아니다. 톨스토이의 방 안에는 빛도 보지 못한 많은 실패작이 무수히 쌓여 있었다. 셰익스피어도 성공한 몇 편 외 대다수 시는 졸작이라는 평을 받았다.

현재 천재라는 평가를 받는 많은 지성인도 어마어마한 규모의 작품 중에서 단 몇 편만 세상의 인정을 받았다. 덕분에 작품성이 부족한 대다수가 매서운 세상의 비판을 피했다. [57)]

노벨과학상 시즌인 매년 10월에는 주요 일간지가 앞 다퉈 한국은 언제쯤 수상자를 배출할 수 있을지 전망을 한다. 2018년에 일본 수상자가 한 명 더 추가되어 일본과 한국의 노벨과학상 수상자는 23:0이 되었다. 그렇다면 일본은 도대체 어떻게 노벨과학상 강국이 되었을까? 한국연구재단 국책연구본부 이한진 수석연구위원은 전통으로 자리 잡은 일본의 '한 우물 파기' 문화가 과학강국의 밑거름이라고 강조한다. 2014년 노벨과학상 수상자 아카사키 교수도 20년 동안 중단 없이 지원된 연구비 덕에 LED 연구에 매진할 수 있었다. [58)] 일본 정부는 단기간에 성과를 기대하는 조급증을 버리고 연구역량이 축적될 수 있도록 믿고 계속 기다려줬다. 실패했다고 연구비 지원을 중단하지 않았다.

우리나라도 성실하게 연구를 하는 중에 초래된 실패를 용인하고 계속 지원하는 이가 있다. 전 재산을 KAIST에 기부한 아름다운 경영인 정문술이 대표적이다. 그는 묻지도 따지지도 않는 투자를 오랫동안 했다. 연구진의 방만한 태도를 지적하는 경영진을 오히려 꾸짖었다. 연구진이 외부 간섭 없이 최대한의 자율성을 가질 때만이 연구 성과가 나온다고 믿었기 때문이다. 성과를 내지 못하는 연구팀을 해산시키는 대신에 성실하지만 자신의 경영철학을 따르지 않는 경영진을 해고했다. 연구개발 부서원이 연구에만 몰입할 수 있도록 파격적인 연구 환경을 제공했다. 이렇게 조건 없는 신뢰와 기다림을 바탕으로 미래산업은 세계적인 반도체 장비 업체로 거듭났다. 한국기업 최초로 나스닥에 상장되는 쾌거를 이뤘다. [59]

사업가뿐 아니라 과학자도 실패를 담대하게 받아들이는 자세가 필요하다. KAIST 이지오 교수는 18년 넘게 단백질 관련 연구만 지속했다. 헌신 끝에 전 세계 과학자가 불가능하다고 포기했던 선천성면역반응 활성화 메커니즘을 규명했다. [60] 이교수는 늘 실패를 염두에 두고 있다고 말한다. 연구를 하다 보면 성공보다는 실패를 훨씬 더 많이 경험하기 때문이다. 그래서 과학도의 길을 걷고자하는 후배들에게 "실패에 친숙해지고 실패를 거듭하라."고 주문한다. [61]

미국 미시간 주 앤아버에는 세계에서 유일한 실패박물관이 있다. 이 박물관 안에 소장된 실패작은 코카콜라, IBM 같은 세계 유수 기업 제품이다. 기업이 만드는 제품의 80%는 실패한다. 중요한 것은 실패이유를 분석하고 보완해 성공적인 제품을 만드는 것이다. 실패를 거울로 삼지 않고 제자리걸음을 하는 기업은 또다시 실패를 거듭하게 되기 때문이다. [62]

박용후는 사업에 실패한 후 마흔 살이 넘어 어머니한테 매일 용돈을 받았다. 하지만 툭툭 털고 일어나 다시 뛴 결과 지금은 10개가 넘는 기업에서 월급을 받는다. 그는 실패했을 때의 태도가 성공하는 사람과 그렇지 못한 사람을 가른다고 주장한다. 누구나 실패를 경험한다. 중요한 것은 실패에 대한 반응이다. 보통 사람은 편한 포기의 길을 선택한다. 실패해도 포기하지 않고 재도전을 하는 사람만이 성공이라는 달콤한 열매를 얻는다. [63]

그렇다면 어떻게 해야 실패에 매몰되지 않고 다시 도전하는 마인드를 기를 수 있을까? 회복탄력성을 높이면 된다. 실패에 대한 의미를 축소하고 성공에 대해 더 큰 의미를 부여하다보면 회복탄력성을 높일 수 있다. 회복탄력성이 높은 사람은 실패가 인생에서 불가피하다는 것을 안다. 실패가능성이 높은 도전적인 상황에 기꺼이 참여한다. 당연히 도전을 꺼리는 이보다 실수를 많이 저지른다. 도전을 하지 않는 사람이 실패를 두려워하기에 자신의 실수에 민감하게 반응할 것 같지만 실제는 그렇지 않다. 실패를 억누르는 내면의 욕구가 강해서 실수를 통해 자신의 부족한 부분을 메우기 위한 후속노력을 기울이지 않는다. [64] 가장 바람직한 것은 자신의 단점을 보완하는 노력은 계속하되 실패와 실수 자체는 두려워하지 않는 것이다. 실수와 실패를 통해 배우는 것이 없다면 똑같은 과정을 반복해야 하니 비효율적이다. 그렇다고 이를 두려워하면 성장할 수 있는 기회조차 놓칠 수 있다.

융합인의 통찰 : 소프트웨어 교육의 가능성

인류의 창의성 덕분에 세상은 진보를 거듭할 수 있었다. 새로운 니즈를 아이디어로 구체화하고 이를 실물로 구현하면서 더 나은 세상을 만들어왔다. 빅데이터로 나온 결과물을 토대로 세상의 진일보를 위한 의미 있는 의사결정도 내려왔다. 이런 노력의 근간인 과학기술 중 가장 기본이 되는 역량은 수학이다. 우리나라 중등학생 사교육비의 절반 정도가 수학과목에 지출된다. 그러나 수학은 쉽지 않다는 선입관 때문에 많은 학생이 지레 겁을 먹고 수학을 포기해버린다. 하지만 '수포자'가 되면 미래의 유망직업 중 절반 이상을 포기해야 한다. [65]

인공지능기술과 로봇을 활용해 일의 양과 질이 폭발적으로 달라지고 있다. 하지만 데이터가 없는 상태의 인공지능기술은 무의미하다. 구글 딥마인드(DeepMind)는 아무런 미련 없이 알파고의 알고리즘을 '통 크게' 세상에 공개했다. 하지만 데이터는 공개하지 않았다. 데이터가 없는 상태의 인공 신경망은 백치상태라 무의미하다. 어떤 데이터를 쌓느냐가 인공지능의 가치를 결정한다. 하지만 빅데이터가 축적되어 있어도 이것을 이해하고 해석해 유의미한 시사점을 도출하지 못하면 의미가 없다.

데이터의 시대다. 모바일, 사물인터넷, 소셜네트워크 서비스를 통해 엄청난 규모의 데이터가 쏟아지고 있다. 이렇게 폭발적인 양의 자료에서 새로운 가치를 도출하려면 데이터 간 패턴을 찾아내는 능력이 필요하다. 그리고 이렇게 찾아낸 패턴을 확률과 통계 이론을 적용해 알고리즘으로 만들어낼 수 있어야 한다. 수학적 역량이 필요한 이유다. 하지만 두려워 할 필요는 없다. 이미 많은 알고리즘이 API(Application Programming Interface) 형태로 제공되고 있기 때문이다. 반복적으로 쓰이는 함수는 이미 라이 브러리라는 형태로 모아져 있고 이 라이브러리에 접근할 수 있는 규칙은 API라는 형태로 파악할 수 있다. 그래서 응용수학과 같은 고급수학을 하지 못하더라도 수학이론과 기본원리만 안다면 데이터를 기반으로 한 분야에서 전문가로 활동하는 것이 얼마든지 가능하다. [66]

그런데 코드로 작성해서 컴퓨터가 처리할 수 있도록 만들어내는 코딩 능력은 단순히 프로그래밍 언어에 능통하다고 해서 갖춰지지 않는다. 컴퓨터 언어인 코드를 아는 것은 기본이다. 명령어도 암기하지 않고 코딩을 할 수는 없다. 알파벳을 모른 상태로 영어공부를 시작할 수 없는 것과 마찬가지다. 하지만 복잡한 코딩 용어를 암기하는 것이 코딩 교육의 전부가 되어서는 안 된다. 자칫 코딩에 대한 흥미를 잃게 할 수 있기 때문이다.

부모 혁명

컴퓨터 언어를 익혔다면 이제 프로그램을 짤 수 있을 만큼 논리적인 문제해결력을 갖춰야 한다. 복잡한 문제를 가장 빠르게 단순화해서 해결할 수 있는 방법을 찾아내는 것이 중요하다. 컴퓨터적인 사고, 코딩적 사고라고 일컬어지는 '생각하는 힘'이 필요하다. 코드를 사용해서 프로그램을 만드는 경우를 생각해보자. 예컨대 꽃 100송이에 물을 줘야 하는 상황에서 '첫 번째 꽃에 물주기, 두 번째 꽃에 물주기, 세 번째 꽃에 물주기'를 반복해서 100줄로 코딩하지 않고 '100회 반복: 0번째 꽃에 물주기'처럼 두 줄로 코딩할 수 있어야 하는 것이다. [67]

이런 점에서 코딩교육은 사고력을 기르기 위한 것이어야 한다. 아무리 고성능의 3D 프린터가 있다고 하더라도 설계도가 없다면 멋진 집을 지을 수 없다. 최신 요리기구와 신선한 식재료가 있어도 만들고 싶은 음식에 대한 아이디어가 없다면 만족할 만한 요리를 만들 수 없다. 마찬가지로 뭘 만들어야 하는지에 대한 생각이 없으면 새로운 가치를 제공하는 코딩이 불가능하다.

깊은 생각으로 무장된 코딩인재의 가능성은 무한하다. 하드웨어인 컴퓨터 관련 기술은 이미 꽤 성장해 있다. 하지만 이 하드웨어 안에 들어가는 소프트웨어는 아직도 계속 성장세다. 다양한 소프트웨어가 내장된 첨단기기는 새로운 기능과 가치를 세상에 계속 선사하고 있다. 단백질의 구성요소인 아미노산은 불과 20개에 불과하다. 하지만 이 스무 개 아미노산이 어떤 형태로 결합되어 있느냐에 따라 다양한 형태의 단백질이 등장한다. 우리 몸 안에는 10만여 종의 단백질이 있고 몸에서 일어나는 다양한 현상은 이런 수많은 단백질이 활약한 성과다. 단백질이 어떤 아미노산으로 구성되어 있고 어떻게 배열되고 접혀 있는지에 따라 기능과 역할이 판이하게 달라진다. 단백질이 복잡하고 신비로운 생명현상을 관장하는 것처럼 소프트웨어는 미래 사회를 구현하는 핵심동력이 될 것이다.

융합인의 배움 비법: 지식을 쌓아라

창의력의 원천은 지식이다. [68] 아무 것도 모르는데 창의적이 될 수 없다. 일본 대장성 재무관을 역임한 아오야마가쿠인대학교 사카키바라 에이스케 교수는 다방면으로 박식한 사람은 깊은 지식을 바탕으로 혁신적인 창의력을 선보였다고 말했다. [69] 세상은 자기가 아는 만큼만 보인다. 경험의 폭이 좁고 제한적인 사람은 사고의 깊이도 얕다. 책 뒤 참고문헌이 얼마나 수록되었는지가 그 책이 담고 있는 콘텐츠의 질을 보여주는 것과 마찬가지다. [70]

급변하는 미래사회에는 변화의 거센 파고를 직격탄으로 맞게 된다. 약 100년 전에 우량기업의 평균 존속기간은 약 67년이었다. 한 번 기업을 일구면 두 세대 정도는 영위가 되었다. 그러나 지금은 불과 7년으로 줄었다. 이제 확실한 비전과 미래를 읽는 혜안이 없는 기업은 일군 지 10년도 채 안되어 폐업을 맞이한다. 개인의 삶도 가공할 만한 변화의 부침과 함께하고 있다. 주변 환경이 급속도로 변해가는데 20년 전 학교에서 배웠던 것으로 오늘을 살고 내일을 이해하겠다는 것은 자만에 가깝다. 따라서 나와 자녀가 살아갈 미래를 예측하고 우리가 원하는 미래를 만들기 위해서는 끊임없이 배워야 한다.

평생공부가 필요한 이유다. 시험용 공부가 아니라 진짜 공부가 필요하다. 자신이 알고 있는 것을 기반으로 새로운 것을 만들 수 있는 사람이 살아남는 시대이기 때문이다. 아는 것이 있어야 새로운 것도 만들 수 있다. 당연하게 받아들이는 것에 대해 '왜?'라는 질문을 던져야 한다. 그런데 생각하는 힘이 없으면 어렵다. 부모가 이런 연습이 되어 있지 않으면 집에서 자녀와 이런 방법을 실천하기 어렵다.

지금은 아이비리그의 우수한 강의도 안방에서 무료로 얼마든지 들을 수 있는 시대다. 온라인 학습플랫폼인 무크(MOOC: Massive Open Online Course)는 소외계층에게 양질의 교육을 제공하겠다는 목표로 설립됐다. 2010년 이후에 등장한 코세라(cousera), 유다시티(udacity), 에덱스(edX)와 같은 온라인교육 플랫폼이 대표적이다. 비싼 학비와 지리적 한계로 우수한 교육의 혜택을 받지 못하는 전 세계 학생과 기업 양측에서 호평을 받고 있다. 이미 페이스북, AT&T와 같은 미국 IT 기업이 무크와 교육과정을 함께 설계하고 이 과정을 이수한 학생들을 채용하고 있다. 이런 이유로 미래학자인 토머스 프레이는 2030년이면 세계 대학의 절반이 사라질 거라고 예측하고 있다. 하지만 무크에서 공부하는 대다수는 학습소외계층이 아니라 아이비리그 대학 출신이다. [71] 공부도 해 본 사람이 잘한다. 공부의 즐거움을 느껴본 이가 지적 희열을 느끼고 교육의 수혜를 누리기 위해 다시 공부하는 선순환을 이룬다. 지금이라도 공부를 시작해야 하는 이유다.

이런 내용을 이미 숙지한 융합인은 삶의 이랑 이랑마다 필요한 지식을 배우는 데 부지런하다. 내가 모으는 레퍼런스가 언젠가 연결되어 폭발적인 힘을 발산할 것을 알기 때문이다. 그런데 요즘은 배움의 성격이 예전과 많이 다르다. 매일 엄청난 속도로 쏟아지는 첨단기기와 애플리케이션 작동 방법 같은 지식은 부모세대보다 21세기에 태어난 자녀세대가 더 잘 아는 경우가 많다. 나도 종종 내 아이들을 리버스 멘토(reverse mentor) 삼아 새로운 앱 작동법을 배운다.

공부를 하는 것도 기술이다. 공부법으로 유명한 조승연은 우뇌와 좌뇌를 번갈아 쓰면서 공부하면 효율이 높아진다고 한다. [72] 수학공부를 하며 좌뇌를 쓴 후에는 피아노를 치면서 우뇌를 쓰고, 이후에 다시 언어공부를 하는 식이다. 자녀가 아직 공부습관이 들지 않았다면 하루에 2~3시간 홀로 공부하는 힘을 길러주는 것부터 시작하자. 처음에는 앉아 있는 시간의 대부분을 졸거나 게임을 하면서 보낼 수 있다. 하지만 조금만 인내심을 갖고 기다려주면 어느 순간 공부하는 습관이 뿌리내리게 된다. [73]

공부할 때 미시적인 내용을 잘 아는 것도 중요하지만 지금 공부하는 것이 어떤 맥락에 있는지 파악하는 것도 중요하다. 거시적인 공부지도 안에서 좌표를 확인해야 방향을 놓치지 않을 수 있다. 융합인은 특정과목의 지엽적인 경계 안에 머물지 않는다. 대신 자연과학과 인문사회과학의 통섭을 지향한다. 빌 게이츠가 후원하면서 세계의 이목을 집중시킨 빅 히스토리 공부법도 궤를 함께 한다. [74)]

이렇게 폭넓은 시각으로 학문을 탐구하다 보면 좋아하고 싫어하는 과목의 경계가 불분명해진다. 모든 학문이 서로 맞닿아 있고 한 뿌리에서 분화되어 나왔다는 것을 깨닫게 된다. 좋아하는 분야가 생기면 그 분야와 관련된 공부는 스스로 알아서 하게 된다. 그때 부모는 자녀가 융합인재가 될 수 있도록 과목 간 호환성과 밀접한 관계를 안내해주면 된다. 물론 부모부터 융합인재가 되기 위해 부단히 노력할 필요가 있다. 삶에 대한 경이로움을 느낌표로 표현하는 문학도 읽고, 세계를 이론과 공식으로 해석하는 과학에도 따뜻한 시선을 건네자.

주도적으로 배움에 임할 때 효과적으로 앎이 체화된다. 누가 시켜서 하는 공부를 할 때 학습의 즐거움을 느끼기는 쉽지 않다. 하지만 내가 좋아서 하는 공부는 기쁨이 크다. 진정한 공부 고수는 외재적 요구로 시작한 공부도 내재적 동기로 만든다. 능동적으로 생겨난 호기심과 앎에 대한 욕구는 평생에 걸쳐 배움을 습관화하는 저력이 된다.

자녀가 흥미 있어 하는 분야에 대해 다양하게 경험할 수 있는 기회를 제공하자. 토끼를 좋아한다면 토끼가 나오는 책만 보여줄 게 아니라 토끼를 만져보고, 토끼처럼 뛰어보고, 토끼가 먹는 풀냄새도 맡아보며 오감의 감수성이 촉발되도록 하자. 그래야 단단하고 오밀조밀한 신경망이 만들어진다. 이렇게 새롭게 뚫린 신경회로는 잘 무너지지 않는다. [75)]

부모 혁명

과거 경제학자는 토지, 노동, 자본이 경제성장의 주요 요소라고 주장했다. 그런데 미국 뉴욕대 폴 로머(Paul Romer) 교수는 이런 요소가 없더라도 지식만 잘 축적하면 경제성장이 가능하다는 주장을 펼쳤다. 인재 외에는 기댈 물적 자원이 없는 우리에게 고무적인 이론이다. 뛰어난 아이디어, 상품화할 수 있는 기술, 역량이 있다면 얼마든지 승부수를 던져볼 수 있다는 희망을 안겨준다. 이 혁신적인 이론을 주장한 로머 교수는 윌리엄 노드하우스(William Nordhaus) 예일대 교수와 함께 2018년 노벨경제학상을 수상했다. 지식의 힘이 중요할 수밖에 없는 미래시대에 그의 이론은 더 각광받을 것이다.

자신이 흥미를 갖고 있는 분야에만 관심을 갖고 몰두하면 세상을 바꿀 수 없다. 다양한 분야에서 전문가 수준으로 지식을 쌓으며 외연을 넓혀나간 자만이 혁명급 전환을 이끌어냈다. 비행기가 뜨려면 기체와 탑승자 무게 이상의 양력이 있어야 한다. 양 날개가 만들어내는 힘인 양력의 두 조건은 시속 300km에 이르는 속도와 1.8km의 활주로다.[76] 당신은 지금 자신의 비행기를 띄울 수 있을 만큼 충분한 길이의 활주로를 지녔는가? 비행기가 뜰 만큼 강한 속도를 내고 있는가? 아직 활주로가 짧거나 임계점에 이르는 속도를 내지 못하고 있다면 절대적인 열정과 시간을 더 쏟아야 한다. 폭발적인 집중력과 에너지가 뒷받침될 때 삶의 대변혁이 가능하기 때문이다. 부디 건투를 빈다.

"창조에는 마법도, 영감이 번쩍이는 순간도 일어나지 않고 지름길도 없으므로 다만 우직하게 한 가지에 집중하는 것이 유일한 비결이다. 하찮게 보이는 행동이 오랜 시간 축적됐을 때 비로소 그 결과가 세상을 바꾸게 된다." – 케빈 애쉬튼

자녀보다 부모 먼저 혁명하라

연암 박지원은 자신만의 목소리를 따라 꽤나 독보적인 인생을 살았던 이로 알려져 있다. 청나라를 통해 과학문물을 접한 그는 기술의 가치를 깨닫지 못하는 당시 체제를 안타까워했다. 암기식 교육을 바탕으로 격률의 완성도만 중요시하는 시험제도를 비판했다. 과거 시험장에서 답안지에 기암괴석을 그려 고문을 답습하는 문풍을 조롱했다. 관료로서 진부한 코스 대신 체제 외부에서 살기로 결심했다.

이랬던 그가 아버지가 되니 180도 반전의 모습을 보여줬다. 과거시험 철이 다가올 때마다 아들에게 시험 준비를 하라고 독촉했다. 공부 진도도 세심하게 점검했다. 시험시간 내에 답안지를 작성할 수 있도록 요령을 익히라고 채근했다. 모르는 문제가 나오더라도 포기하지 말고 절반이라도 채우는 성의표현을 하라고 당부했다. 공부의 신 강성태의 멘토링 못지않다. 쿨한 젊은이에서 꼰대 아버지로 변모한 그의 모습이 놀랍다.

하지만 그의 모습이 낯설지 않다. 오늘날 대다수 부모 모습이라서 그런 듯싶다. 우리 모두 '좋은 부모'를 꿈꾼다. 하지만 좋은 부모 이전에 '좋은 사람'이 되어야 한다. 내 인생의 내공을 단단하게 다져야 한다. 그래야 땅 위에 두 발 굳건히 딛고 한 발 한 발 자신 있게 삶의 보폭을 디딜 수 있다. 내가 먼저 삶의 중심을 잡아야 내 자녀가 흔들릴 때 옆에서 잡아줄 수 있다.

처칠(Winston Churchill)은 과거와 현재가 싸우도록 내버려두면 우리는 미래를 잃게 될 것이라고 경고했다. 폭풍성장의 선형구간에서 공부한 만큼 과실을 누릴 수 있었던 부모는 달콤한 '과거'를 잊지 못한다. 고용 없는 성장구간에서 무한경쟁으로 내몰린 자녀의 '현재'에는 소프트웨어와 하드웨어로 무장한 지능형 로봇 같은 강력한 라이벌까지 합류했다. 자녀의 고통스런 현실을 외면하고 자녀가 공감하지 못할 과거 이야기만 늘어놓으면 나와 자녀가 함께 맞이할 미래를 잃게 된다.

흐릿한 미래는 불안을 안겨준다. 미래를 준비하는 가장 지혜로운 방법은 내가 원하는 미래를 만들어나가는 것이다. 이 책을 읽은 후 자신에게 맞는 미래를 만드는 여정을 시작하길 바란다. 그 과정에서 헤매거나 비틀거려도 괜찮다. 선각적인 언행을 바탕으로 비범한 인재로 알려진 천하의 연암도 자식 교육 앞에서는 평범한 아버지상을 넘지 못했다. 우리도 가끔 훈육과 잔소리 사이에서 방황할 수 있다. 다만 불안을 아집으로 치환하지는 말자.

이 책은 자녀를 일류대학에 보내고 좋은 직장을 얻게 알려주는 성공 안내서가 아니다. 부모가 직장에서 쾌속승진을 하고 큰 부를 일거에 이루는 비법을 전수하는 성공지침서도 아니다. '성공'에 대한 가치관과 철학이 사람마다 모두 다를 텐데 성공의 다양한 결을 책 한 권에 담는다는 것은 무리다. 그럼에도 나는 이 책을 쓰는 동안 성공한 사람이 되었다. 노벨문학상도 별것 아니라는 식으로 담담하게 받아들였던 밥 딜런(Bob Dylan)은 성공한 사람이란 '아침에 일어나서 하고 싶은 일을 하는 사람'이라고 했다. 이 책을 쓰는 동안 매일 새벽에 일어나 출근 전까지 '하고 싶은' 글쓰기에 전념한 덕에 매일 성공한 사람이 될 수 있었다.

이 책에는 미래 사회가 필요로 하는 다섯 가지 인재상을 담았다. 부모가 자녀와 함께 어떻게 이런 모습에 가까워질 수 있는지도 언급했다. 미래 인재가 되기 위해 기초대사량을 높이는 방법이라고 봐도 좋다. 기초대사량이 높을수록 몸의 에너지 소비가 효율적으로 이뤄져 건강을 유지할 수 있다. '루덴스, 로쿠엔스, 엠파티쿠스, 이코노미쿠스, 컨버전스'라는 다섯 가지는 건강한 인재가 되고 싶다면 꼭꼭 씹어서 섭취해야 하는 필수영양소다.

물에 뜰 수 있도록 도와주는 부레가 없는 상어는 가라앉지 않기 위해 지속적으로 헤엄을 쳐야 한다. 잘 때도 쉴 수 없다. 쉼 없이 지느러미를 움직인 덕분에 바다에서 제왕이 될 수 있는 것이다. 삶을 통틀어 끊임없이 공부하는 건 힘들다. 다섯 가지 영양제를 꼬박꼬박 복용하는 것도 쉽지 않다. 하지만 세상에 공짜는 없다. 노력하지 않고 얻을 수 있는 것은 없다. 가수면 상태에서도 계속 헤엄치는 상어처럼 내 삶에 배움을 혼연 일체로 받아들이면 불확실한 미래의 안개가 걷히고 우리 자신과 자녀의 삶의 궤적이 승격되는 기쁨을 맞이할 수 있을 것이다.

그럼에도 아는 것을 실천하지 않으면 반쪽자리에 불과하다. 삶에 접목해 깨달음을 얻지 못하는 지식은 무의미하다. '학이시습(學而時習)'으로 시작하는 논어는 명시적 지식을 배우는 데서 만족하지 말고 훈련을 통해 몸에 밴 습관으로 만들 것을 주문한다. 공부한 것을 삶과 일치시켜야 한다. 배움은 내재화와 실행으로 완결된다. 앎의 세계와 삶의 간극을 좁혀나가는 노력을 지속할 당신의 미래를 응원한다.

I. 놀이인, 호모 루덴스 : 놀듯이 즐겁게 살라

1) "우리는 행복합니까 ① 한국 행복 57위, 개인 행복 50점", 파이낸셜 뉴스, 2018.12.11.

2) 한경애, 놀이의 달인, 호모 루덴스, 그린비, 2007

3) 노명우, 프로테스탄트 윤리와 자본주의 정신, 노동의 이유를 묻다, 사계절, 2008

4) 에드 캣멀 · 에이미 월러스, 창의성을 지휘하라, 와이즈베리(윤태경 옮김), 2014

5) 폴 라파르그, 게으를 권리, 필맥(차영준 옮김), 2016

6) 폴 라파르그(2016)

7) "1분 늦는 시계보다, 고장난 시계가 돼라", 머니투데이, 2012.01.31.

8) 헤로도토스, 역사(천병희 옮김), 도서출판 숲, 2002

9) 제인 맥고니걸, 누구나 게임을 한다(김고명 옮김), 알에이치코리아, 2012

10) 편해문, 아이들은 놀이가 밥이다, 소나무, 2012

11) 편해문(2012)

12) "놀이의 힘, 놀이가 밥이다", EBS1, 2018.12.31.

13) 편해문(2012)

14) 윌 보웬, 행복하다 행복하다 행복하다(이종인 옮김), 세종서적, 2013

15) 이시형, 세로토닌하라, 중앙북스, 2010

16) 제니스 캐플런, 감사하면 달라지는 것들(김은경 옮김), 위너스북, 2016

17) 앨런 버딕, 시간은 왜 흘러가는가(이영기 옮김), 엑스오북스, 2017

18) 유현준, 도시는 무엇으로 사는가, 을유문화사, 2015

19) 김상운, 왓칭, 정신세계사, 2011

20) "인간이 만든 게임, 게임이 이끄는 미래", 문화체육관광부, 한국콘텐츠진흥원, 2018

21) 요한 하위징아(2010)

22) 이상화, 평범한 아이를 공부의 신으로 만든 비법, 스노우폭스북스, 2017

23) 이요셉 · 김채송화, 웃음이 내 인생을 살렸다, 북오션, 2015

24) 아보 토오루 · 후나세 순스케 · 기준성, 신 면역혁명, 중앙생활사(박주영 옮김), 2010

25) 이범용, 습관홈트, 스마트북스, 2017

26) 제인 맥고니걸(2012)

27) 제인 맥고니걸(2012)

28) 이승헌 , 아이 안에 숨어 있는 두뇌의 힘을 키워라, 한문화, 2005

29) 대니얼 골먼, EQ 감성지능, 웅진지식하우스(한창호 옮김), 2008

30) 대니얼 골먼(2008), pp. 166−167

31) 숀 아처, 행복의 특권, 청림출판(박세연 옮김), 2013

32) 제인 맥고니걸(2012)

33) 제인 맥고니걸(2012)

34) "국가별 게임온도, 각 나라의 게임 정책은?", 인벤(INVEN), 2018.08.09.

35) 제인 맥고니걸(2012)

36) 스튜어트 브라운 · 크리스토퍼 본, 플레이, 즐거움의 발견, 흐름출판(윤미나 옮김), 2010

37) 강원국, 강원국의 글쓰기, 메디치미디어, 2018

38) 김정운, 노는 만큼 성공한다, 21세기북스, 2011

39) 김정운(2011)

40) 노명우, 호모 루덴스, 놀이하는 인간을 꿈꾸다, 사계절, 2015

41) Jr. 칼 비테, 칼 비테의 공부의 즐거움, 베이직북스(김락준 옮김), 2008

42) 이상화(2017)

43) 스튜어트 브라운, 크리스토퍼 본(2010)

44) 마르틴 코르테, 전두엽이 춤추면 성적이 오른다, 알에이치코리아(유영미 옮김), 2012

45) 대니얼 코일, 탤런트 코드, 웅진 지식하우스(윤미나 옮김), 2009

46) 한국연구재단, 노벨상을 꿈꾸는 과학자들의 비밀노트, 중앙에듀북스, 2012

47) "놀이의 힘, 놀이가 밥이다", EBS1, 2018.12.31.

48) "놀이의 힘, 놀이가 밥이다", EBS1(2018)

49) 미첼 레스닉, 미첼 레스닉의 평생유치원, 다산사이언스(최두환 옮김), 2018

50) 사이토 히토리, 1% 부자의 법칙, 한국경제신문(이정환 옮김), 2004

51) 유시민, 어떻게 살 것인가, 생각의 길, 2013

52) 김정운(2011)

53) 스튜어트 브라운, 크리스토퍼 본(2010)

54) 채정호, 행복한 선물 옵티미스트, 매일경제신문사, 2006

55) 스튜어트 브라운, 크리스토퍼 본(2010)

56) 존 킴, 1억 개의 눈, 블루페가수스, 2018

57) 존 킴(2018)

58) "미국 사우스웨스트 항공 승무원 기내방송 재치 짱!", 바보이소 네이버 블로그, 2017.11.03. blog.naver.com/bshaans/221131852178

59) 존 킴(2018)

60) 요한 하위징아, 호모 루덴스(이종인 옮김), 연암서가, 2010

61) 요한 하위징아(2010)

62) 요한 하위징아(2010)

63) 요한 하위징아(2010)

64) 노명우(2008)

65) 요한 하위징아(2010)

66) 노명우(2008)

부모 혁명

67) 노명우(2008)

68) 노명우(2008)

69) 요한 하위징아(2010)

70) Wendy Suzuki, "The brain changing benefits of exercise", TEDWomen 2017

71) "세계에서 가장 안 움직이는 한국 학생", 조선일보, 2019.01.01.

72) 이영미, 마녀체력, 남해의 봄날, 2018

73) 이시형(2010)

74) 신동운, 영어 속독법(입문), 스타북스, 2009

75) 맥스미디어 편집부, 스포츠는 세상을 바꾸는 힘이다, 국민체육진흥공단, 2011

II. 언어인, 호모 로쿠엔스 : 읽고, 쓰고, 말하라

1) 김미란 · 정보근 · 김승, 미래 인재 기업가 정신에 답이 있다, 미디어숲, 2018

2) 박영숙 · 제롬 글렌, 세계미래보고서 2030−2050, 교보문고, 2017

3) 홍세화, 쎄느강은 좌우를 나누고 한강은 남북을 가른다, 한겨레출판, 2008

4) 리처드 니스벳, 생각의 지도, 김영사(최인철 옮김), 2004

5) 마이클 부스, 거의 완벽에 가까운 사람들, 글항아리(김경영 옮김), 2018

6) 리처드 니스벳(2004)

7) "문현정의 보통사람 강사 되기 : 나이 들수록 성장하는 힘", 매일경제, 2019.01.16.

8) 강원국(2018)

9) 이지은, 지금 시작하는 엄마표 미래교육, 글담, 2017

10) 김경태, 스티브 잡스의 프레젠테이션 2, 멘토르, 2008

11) 베이직 컨텐츠하우스, SEASON 2 오바마 명연설집, 삼지사, 2013

12) 김미경, 김미경의 아트 스피치, 21세기북스, 2010

13) 김윤나, 말그릇, 카시오페아, 2017

14) 이창호, 자녀와 소통하는 부모 상위 1%를 만든다, 해피앤북스, 2011

15) 김유미, 뇌를 알면 아이가 보인다, 해나무, 2009

16) 이기주, 언품, 황소북스, 2014

17) 안무정, 4차 산업혁명을 주도할 6가지 코드, 나비의 활주로, 2018

18) 김상철, 2020 새로운 시장의 탄생, 한스미디어, 2017

19) 장동완, 9등급 꼴찌, 1년 만에 통역사 된 비법, 리더스북, 2017

20) 장동완(2017)

21) 김은미, 대한민국이 답하지 않거든, 세상이 답하게 하라, 위즈덤하우스, 2011

22) 문단열, 말 못하는 영어는 가짜 영어다, 중앙M&B, 2003

23) 이남수, 솔빛이네 엄마표 영어연수, 길벗이지톡, 2006

24) 이상화(2017)

25) 장동완(2017)

26) 기시미 이치로, 마흔에게, 다산초당(전경아 옮김), 2018

27) 김영하, 말하다, 문학동네, 2015, p.28

28) 송숙희, 책 쓰기의 모든 것, 인더북스, 2016

29) 홍세화(2008)

30) 유시민, 유시민의 글쓰기 특강, 생각의길, 2015

31) 제임스 W. 페니베이커 · 존 F. 에반스, 표현적 글쓰기, 엑스북스(이봉희 옮김), 2017

32) 김영하(2015), p.59

33) 송숙희, 공부습관을 잡아주는 글쓰기, 교보문고, 2017

34) 한명석, 나는 쓰는 대로 이루어진다, 고즈윈, 2011, p.30

35) 박성철, 초등엄마 교과서, 길벗스쿨, 2013

36) 송수진, 공부하는 엄마에게, 하나의책, 2017

37) 유시민(2013)

38) 안소영, 책만 보는 바보, 보림출판사, 2005

39) 신영준 · 고영성, 뼈있는 아무말 대잔치, 로크미디어, 2018

40) "신현호의 차트남 : 책과 아이의 미래", 한겨레, 2018.11.17.

41) 김병완, 48분 기적의 독서법, 미다스북스, 2013

42) 아라이 노리코, 대학에 가는 AI vs 교과서를 못 읽는 아이들, 해냄출판사(김정환 옮김), 2018

43) 아라이 노리코(2018)

44) 강원국(2018)

45) 미셸 오바마, 비커밍, 웅진지식하우스(김명남 옮김), 2018

46) 방현철, 부자들의 자녀교육, 이콘, 2017

47) 최명화, 칼퇴근 4.0, 스노우폭스북스, 2017

48) 진희정, CEO, 책에서 길을 찾다, 비즈니스북스, 2006

49) 김새해, 내가 상상하면 꿈이 현실이 된다, 미래지식, 2018

50) 김수영, 멈추지 마, 다시 꿈부터 써 봐, 웅진지식하우스, 2010

51) 구본준 · 김미영, 서른 살 직장인 책 읽기를 배우다, 위즈덤하우스, 2009

52) 김병완, 48분 기적의 독서법, 미다스북스, 2013

53) 구본형, 코리아니티 경영, 휴머니티, 2005

54) 헬렌 켈러, 사흘만 볼 수 있다면, 산해(이창식 옮김), 2005

55) 윌 보웬(2013)

56) 제니스 캐플런(2016)

57) 숀 아처(2013)

58) 김주환, 회복탄력성, 위즈덤하우스, 2011

59) 제니스 캐플런(2016)

60) 정재승, 열두 발자국, 어크로스, 2018

61) Daniel Gilbert, "The surprising science of happiness", TED2014

62) 기시미 이치로(2018)

63) 이원석, 공부란 무엇인가, 책담, 2014

64) 유현심 · 서상훈, 하브루타 일상수업, 성안북스, 2018

65) 조승연, 공부기술, 랜덤하우스코리아, 2002, p.109

66) EBS 학교란 무엇인가 제작팀, 학교란 무엇인가, 중앙북스, 2011

67) 유현심 · 서상훈(2018)

68) 조벽, 조벽 교수의 인재 혁명, 해냄출판사, 2010

III. 공감인, 호모 엠파티쿠스 : 마음을 다하라

1) 미래전략정책연구원, 10년 후 4차 산업혁명의 미래, 일상이상, 2017

2) 제러미 리프킨, 공감의 시대, 민음사, 2010

3) 로먼 크르즈나릭, 공감하는 능력, 더퀘스트(김병화 옮김), 2014

4) 대니얼 골먼, 2008

5) Andreas Schleicher, World Class : How to build a 21st-century school system, OECD, 2018

6) "상하이 학생 10명 중 7명 사교육…사교육시장 '파편화'", 상하이 저널, 2016.12.29.

7) "미래 교육을 묻다", EBS1, 2018.12.17.

8) 라즈 라후나탄, 왜 똑똑한 사람들은 행복하지 않을까, 더퀘스트, 2017

9) 김상운(2011)

10) 로베르타 골린코프 · 캐시 허시-파섹, 최고의 교육, 예문아카이브, 2018

11) 오현환, 과학기술정책 및 R&D 혁신 이슈 발굴 및 관련 네트워크 구축 연구, 한국과학기술기획평가원, 2016

12) 오제은, 오제은 교수의 자기사랑 노트, 샨티, 2009

13) 정혜신, 당신이 옳다, 해냄출판사, 2018

14) 톰 그린스펀, 아이와 완벽주의, 엑스오북스(이영미 옮김), 2013

15) 이호분, 차라리 자녀를 사랑하지 마라, 팜파스, 2009

16) 전혜성, 엘리트보다는 사람이 되어라, 중앙북스, 2009

17) 정혜신(2018)

18) 조승연, 시크:하다, 와이즈베리, 2018

19) 조승연(2018)

20) 조승연(2018)

21) 후지무라 야스유키, 30만 원으로 한 달 살기, 북센스(김유익 옮김), 2017

22) 제니퍼 스코트, 시크한 파리지엔 따라잡기, 티타임(김수민 옮김), 2013

23) 신영준, 고영성(2018), p. 50

24) EBS 〈아이의 사생활〉 제작팀(2016)

25) 김정운(2011)

26) 존 스튜어트 밀, 자유론, 책세상(서병훈 옮김), 2005

27) 임경선, 태도에 관하여, 한겨레출판사, 2018

28) 김상운(2011)

29) 데일 카네기, 데일 카네기 자기관리론, 리베르(강성복 옮김), 2009

30) 이승헌(2005)

31) 김진애, 왜 공부하는가, 다산북스, 2013

32) 스티븐 리츠, 식물의 힘, 여문책(오숙은 옮김), 2017

33) 강진자 · 박재홍 · 배정미 · 정향심, 4.0 시대, 미래교육의 길을 찾다, 즐거운학교, 2018

34) 이기주, 일상에서 놓친 소중한 것들, 무한, 2014, p. 131, p.157

35) 관청, 인생을 단순하게 사는 법, 파주북(홍지연 옮김), 2015

36) 기시미 이치로, 아들러 심리학을 읽는 밤, 살림(박재현 옮김), 2015

37) 정혜신(2018)

38) 방현철(2017)

39) 이호분(2009)

40) 김지영, 다섯가지 미래교육 코드, 소울하우스, 2017

41) 송정훈 · 컵밥 크루, 미국에서 컵밥 파는 남자, 다산북스, 2018

42) 조세핀 킴, 우리 아이 자존감의 비밀, 비비북스, 2011

43) 마르틴 코르테(2012)

44) 마르틴 코르테(2012)

45) 안무정(2018)

46) 이헌재 · 이원재 · 황세원, 국가가 할 일은 무엇인가, 메디치미디어, 2017

47) "구글이 찾는 인재? 능력 뛰어나도 협업 못하면 NO!", 매일경제, 2016.05.18.

48) 윤은기, 협업으로 창조하라, 올림, 2015

49) 클라우스 슈밥 외 26인, 4차 산업 혁명의 충격, 흐름출판(김진희 외 2명 옮김), 2016

50) 유시민(2013)

51) 김유미(2009)

52) 마르틴 코르테(2012)

53) 김상운(2011)

54) 아누 파르타넨, 우리는 미래에 조금 먼저 도착했습니다, 원더박스(노태복 옮김), 2017

55) 제러미 리프킨(2010)

56) 송호근, 나는 시민인가, 문학동네, 2015

57) 송호근(2015)

58) 송호근(2015)

59) 김상철(2017)

60) 존 스튜어트 밀(2005), p.127

61) 켄 로빈슨 · 루 애로니카, 학교 혁명, 21세기북스(정미나 옮김), 2015, p.230

62) 김상곤, 김상곤의 교육편지, 한겨레출판, 2012

63) 이범용(2017)

64) 요시다 다카요시, 실천의 힘, 아이콘북스, 2007

65) 조남호, 엄마 매니저, 글로세움, 2009

66) 최강희, 강남아빠 따라잡기, 한국경제신문사, 2008

67) 이옥식, 가고 싶은 학교 보내고 싶은 학교, 한국경제신문, 2018

Ⅳ. 경제인, 호모 이코노미쿠스 : 부자를 꿈꾸라

1) 클라우스 슈밥 외(2016), p.17-18

2) 레프 톨스토이, 톨스토이의 어떻게 살 것인가, 소울메이트(이선미 옮김), 2017

3) 유동효, 40대에 도전해서 성공한 부자들, 유노북스, 2018

4) "CEO 열전: 댄 프라이스, 노동자들의 영웅? 비즈니스를 모르는 철부지? 최저연봉 8,000만 원 논란 부른 사회적 기업가", IT 동아, 2018.10.08.

5) "미친 사장님'의 최저 연봉 7만 달러 실험", 한국일보, 2018.05.26.

6) 버락 오바마, 담대한 희망, 랜덤하우스코리아(홍수원 옮김), 2007, pp.271-274

7) 머니투데이 특별취재팀, 부자의 지갑에는 남다른 철학이 있다, 더난출판사, 2005

8) 토마 피케티, 21세기 자본, 글항아리(장경덕 외 1인 옮김), 2014

9) 토마 피케티(2014)

10) 문석현, 미래가 원하는 아이, 메디치미디어, 2017

11) 롤랜드 버거, 4차 산업혁명 이미 와 있는 미래, 다산3.0(김정희 · 조원영 옮김), 2017

12) 롤랜드 버거(2017)

13) 케빈 켈리, 인에비터블, 청림출판(이한음 옮김), 2018

14) 선대인, 일의 미래, 무엇이 바뀌고 무엇이 오는가, 인플루엔셜, 2017

15) 선대인(2017)

16) 클라우스 슈밥 외(2016)

17) 김상철(2017)

18) 선대인(2017)

19) 이채욱, 내 아이와 로봇의 일자리 경쟁, 매경출판, 2018, pp.29-32

20) 클라우스 슈밥 외(2016)

21) 대도서관, 유튜브의 신, 비즈니스북스, 2018

22) 박영숙, 제롬 글렌(2017)

23) 이영직(2010)

24) "HO—MI라면 정원 관리 OK…'포대기' 이어 '호미' 외국서 인기", 이데일리, 2017.09.17.

25) 김형준 외 6명, 부모가 먼저 알고 아이에게 알려주는 메이커교육, 콘텐츠하다, 2016

26) "MCN(multi—channel network) 교육부 점심 특강", 2018.05.11.

27) 문석현(2017)

28) 조영태(2016)

29) "딸아, 農高 가라", 조선일보, 2016.12.27.

30) 김상철(2017)

31) 김난도 외 8인, 트렌드 코리아 2019, 미래의창, 2018

32) 선대인(2017)

33) 심정섭, 심정섭의 대한민국 입시지도, 진서원, 2018

34) "대졸예정자 정규직 취업 10명 중 1명뿐", 세계일보, 2019.01.22.

35) 김지영(2017), pp.76—77

36) "위기의 대학…국민 53%, 진학 필요성 낮아졌다", 중앙일보, 2018.10.31.

37) 조영태, 정해진 미래, 북스톤, 2016

38) "대졸취업률 6년 연속 하락…'SKY' 취업 불패도 옛말", 헤럴드 경제, 2019.01.22.

39) 이경숙, 시험국민의 탄생, 푸른역사, 2017

40) "대학생이 꼽은 출세 조건 1위는? '경제적 뒷받침'", E뉴스 코리아, 2018.11.20.

41) 엠제이 드마코, 부의 추월차선, 토트(신소영 옮김), 2013

42) 로버트 기요사키, 부자들의 음모, 흐름출판(윤영삼 옮김), 2010

43) 이영직, 교실 밖, 펄떡이는 경제이야기, 스마트주니어, 2010

44) 최효찬, 5백 년 명문가의 자녀교육, 예담, 2005

45) 홍익희, 유대인 창의성의 비밀, 행성B, 2013

46) "페이팔 마피아 2.0: 맥스 레브친 전 페이팔 CTO", 중앙시사매거진, 2016.08.23.

47) 방현철(2017)

48) 이수연, 일하면서 아이를 잘 키운다는 것, 예담friend, 2011

49) 김미란, 정보근, 김승(2018)

50) "미지의 길을 걷는 용기, 팀드레이퍼", SERICEO, 2018.11.01.

51) "앤디 탕 CEO, '스타트업의 실패와 무모함은 달라 … 책임감 있는 도전 장려하는 분위기 중요'", 한국경제, 2018.11.04.

52) 로버트 기요사키, 부자 아빠의 세컨드 찬스, 민음인(안진환 옮김), 2017

53) 켈리 최, 파리에서 도시락을 파는 여자, 다산3.0, 2017

54) 정광필, 미래, 교육을 묻다, 살림터, 2018

55) "백화점서 뻥튀기로 年매출 2억5천만 원", 매일경제, 2011.06.19.

56) "강정 만드는 청년들의 진심", 김박사 네이버 블로그, 2016.12.24. blog.naver.com/cahdol/220893768609

57) 박영숙, 제롬 글렌(2017)

58) 박영숙, 제롬 글렌(2017)

59) "브라이언 체스키 에어비앤비 창업자, 10년 만에 세계 숙박시장 판 뒤집다", 한국경제, 2019.01.31.

60) C. Shane Hunt, John E. Mello, 마케팅 : 이론부터 실무까지, 맥그로힐에듀케이션코리아(신종국·박민숙·문민경 옮김), 2016

61) 김미란, 정보근, 김승(2018)

62) "신박한 골판지 활용법", 헤럴드경제, 2018.07.08.

63) C. Shane Hunt, John E. Mello(2016)

64) 김지영(2017)

65) 김은미(2011)

66) 김주환(2011)

67) 노무라 아쓰시, 고흐, 37년의 고독, 큰결(김소운 옮김), 2004

68) 잭 내셔, 어떻게 능력을 보여줄 것인가, 갤리온(안인희 옮김), 2018

69) 머니투데이 특별취재팀(2005)

70) 홍익희(2013)

71) Andreas Schleicher, Better Skills Better Jobs Better Lives, OECD, 2015

72) 김상철(2017)

73) C. Shane Hunt, John E. Mello(2016)

74) 김상철(2017)

75) 롤랜드 버거(2017)

76) C. Shane Hunt, John E. Mello(2016)

77) 김상철(2017)

78) 롤랜드 버거(2017)

79) 롤랜드 버거(2017)

80) 에르크 쉬르데주, 한국인은 미쳤다, 북하우스(권지현 옮김), 2015

81) 다카시마 미사토, 하루 27시간, 윌컴퍼니(서라미 옮김), 2015

V. 융합인, 호모 컨버전스 : 경계를 허물어라

1) 다니엘 핑크, 새로운 미래가 온다, 한국경제신문사(김명철 옮김), 2012

2) 도정일 · 최재천, 대담, 휴머니스트, 2015

3) "휴머니티가 4차 산업혁명 핵심가치, 과기-인문학 결합은 필수", 서울경제, 2017.04.27.

4) 안무정(2018)

5) 이상화(2017)

6) "CES 2019 Proves AI and 5G Will Transform the Future", Business Wire, 2019.01.11.

7) "Coming Soon…Amazing Internet of Things!", 매일경제, 2014.06.09.

8) 김미란, 정보근, 김승(2018)

9) "인공지능 그림 첫 경매…5억원에 팔렸다", 한겨레신문, 2018.10.26.

10) "집짓는 3D프린터 · 제트엔진 비행슈트…美타임 '올해의 발명품' 눈길", 뉴시스, 2018.12.09.

11) 이영직, 세상을 움직이는 100가지 법칙, 스마트비즈니스, 2009

부모 혁명

12) 이지성, 꿈꾸는 다락방, 국일미디어, 2009

13) 이나모리 가즈오, 왜 일하는가, 서돌(신정길 옮김), 2010

14) 존 테일러 개토, 학교의 배신, 민들레(이수영 옮김), 2015

15) 방현철(2017)

16) 홍익희(2013)

17) 홍익희(2013)

18) 이지은(2017), p.132

19) 김정운(2011)

20) 피터 드러커, NEXT SOCIETY, 한국경제신문(이재규 옮김), 2007

21) 아라이 노리코(2018)

22) 한상복, 혼자 있는 시간의 힘(실천편), 위즈덤하우스, 2016, p.54

23) 한상복(2016)

24) 강원국(2018)

25) 강원국(2018)

26) "들국화라는 이름 가진 이름가진 식물은 없다?!", LG상남도서관, 2018.09.13.

27) "늦은 나이에 도전해 기적을 이룬 사람들 5", 월북, 2018.11.09.

28) 노경원, 생각 3.0, 엘도라도, 2010

29) 김정운(2011)

30) 로버트 루트번스타인 · 미셸 루트번스타인, 생각의 탄생, 에코의서재(박종성 옮김), 2007

31) 애덤 그랜트, 오리지널스, 한국경제신문사(홍지수 옮김), 2016

32) 에드 캣멀, 에이미 월러스(2014)

33) 다이앤 애커먼, 감각의 박물학, 작가정신(백영미 옮김), 2004

34) 다이앤 애커먼(2004)

35) 다이앤 애커먼(2004)

36) 노경원(2010)

37) 고미숙, 열하일기, 웃음과 역설의 유쾌한 시공간, 북드라망, 2013, p.193

38) 노경원(2010)

39) 다이앤 애커먼(2004)

40) 노경원(2010)

41) 정재승, 정재승의 과학콘서트, 어크로스, 2011

42) 제프 콜빈, 재능은 어떻게 단련되는가, 부키(김정희 옮김), 2010

43) 조승연(2018), p.75

44) 한국연구재단(2012)

45) 안무정(2018)

46) 장동완(2017), p.44

47) 문석현(2017), p.200

48) 김해영, 청춘아, 가슴 뛰는 일을 찾아라, 서울문화사, 2012

49) 앤젤라 더크워스, 그릿, 비즈니스북스(김미정 옮김), 2016

50) 앤젤라 더크워스(2016)

51) 최인철, 프레임, 21세기북스, 2016

52) 구본형, 마흔세 살에 다시 시작하다, 휴머니스트, 2007

53) 안택호, 내 아이의 미래 일자리, 행복에너지, 2017

54) 안무정(2018)

55) 안무정(2018)

56) Ken Robinson, "Do schools kill creativity?", TED2006

57) 김상운(2011)

58) "노벨과학상 수상자 발표 시즌을 마치며 : 일본에서 배운다", 한국연구재단 국책연구본부 과학기술동향(2018-23), 2018.10.16.

59) 정문술, 나는 미래를 창조한다, 나남, 2016

60) 한국연구재단(2012)

61) 한국연구재단(2012)

62) 장병혜, 아이는 99% 엄마의 노력으로 완성된다, 중앙북스, 2011

63) 박용후, 관점을 디자인하라, 쌤앤파커스, 2018

64) 김주환(2011)

65) 안무정(2018)

66) 안무정(2018)

67) 이지은(2017)

68) 공병호, 10년 법칙, 21세기북스, 2006

69) 공병호(2006)

70) 정진홍, 인문의 숲에서 경영을 만나다, 21세기북스, 2007

71) "조승연 작가 강연 4차 산업혁명 시대 우리 아이가 나아길 길", 꾸준히 네이버 블로그, 2018.09.13. blog.naver.com/mars301/221357906386

72) 조승연(2002)

73) 조남호(2009)

74) 이지은(2017)

75) EBS 〈아이의 사생활〉 제작팀, 아이의 사생활, 지식플러스, 2016

76) "김세영박사의 성공+ 이야기, 성공을 위한 마지막 물 한 방울", K플러스, 2015.10.19.